MATEMATICAS EN LA PRIMARIA

LAS MATEMATICAS DE PRIMERO A SEXTO GRADOS.
NOCIONES, CONTENIDOS Y SU PROCESO DE ENSEÑANZA-APRENDIZAJE

Profra. Rosalinda del Río Barrera.

Profra. Mercedes Albertos Zapata.

ISBN:	Tapa Blanda	978-1-4633-7721-2
	Libro Electrónico	978-1-4633-7720-5

Para realizar pedidos de este libro, contacte con:
Palibrio LLC
1663 Liberty Drive
Suite 200
Bloomington, IN 47403
Gratis desde EE. UU. al 877.407.5847
Gratis desde México al 01.800.288.2243
Gratis desde España al 900.866.949
Desde otro país al +1.812.671.9757
Fax: 01.812.355.1576
ventas@palibrio.com
521720

Apreciado alumno:

Tengo el agrado de presentarte este cuaderno que será tu guía de matemáticas en la primaria.

Te ayudará cada vez que hagas tu tarea, te servirá de apoyo cuando estudies para presentar tus exámenes o sencillamente cuando tengas alguna duda en cualquier asunto relacionado con esta materia.

Esta guía está escrita de una manera muy sencilla y utiliza palabras, que con seguridad comprenderás y además tiene muchos ejemplos que te ayudarán aún más a aclarar tus dudas.

Ten en cuenta que no importa en que grado estés, porque aquí tienes todo lo que necesitarás en cualquiera de los seis años de primaria; bastará que consultes el INDICE MATEMATICO ó el INDICE ALFABETICO.

Finalmente te deseo suerte y te recuerdo que con voluntad, optimismo y este cuaderno cerca de ti, saldrás adelante sin dificultad.

Afectuosamente
Rosalinda del Río Barrera

INDICE

Matemáticas

Escritura de Números

Comparación de Números

Recta Numérica

Decena y Docena

Números Romanos

Serie Numérica

Operaciones Fundamentales

Divisibilidad

Fracciones

Números Decimales

<u>Cuadrado y Cubo</u>

<u>Sistema Métrico Decimal</u>

<u>Sistema Monetario</u>

Números Denominados

Raíz Cuadrada

Tanto por Ciento

Regla de Tres Simple

Interés

Reparto Proporcional

INDICE ALFABETICO

A

C

D

E

N

U

V

MATEMATICAS

Definición:

Matemáticas, es la ciencia que estudia los números y sus propiedades.

Número.- Es el signo o conjunto de signos con que se representa a la cantidad. El número resulta de contar o medir.

Numeración.- La numeración nos enseña a nombrar y escribir los números. La numeración puede ser hablada o escrita.

La numeración hablada es una serie de reglas para nombrar los números correctamente.

La numeración escrita nos permite representar los números por medio de signos.

Los signos que empleamos para escribir los números son:

$$1 \quad 2 \quad 3 \quad 4 \quad 5 \quad 6 \quad 7 \quad 8 \quad 9 \quad 0$$

Estos signos se llaman **CIFRAS** o guarismos.

También se llaman **ARÁBIGOS** porque los árabes los trajeron a España y en general a Europa en el siglo XI.

Nuestro sistema de numeración es **DECIMAL**, porque tiene como base el número **DIEZ.**

Números Naturales.- Son los que empleamos para contar los elementos que tiene un conjunto. También se les llama **NÚMEROS CARDINALES** porque constituyen la serie natural de los números, esto es, son los nombres de cada una de las cifras que usamos en la numeración común.

Ejemplo: 1, 2, 3, 20, 310, etc.

Número Abstracto.- Es el que no expresa el nombre de sus unidades
  Ejemplo
Número Concreto.- Es el que expresa el nombre de sus unidades.
  Ejemplo: 4 libros, 12 canicas, 150 naranjas.

Número Dígito.- Es el que se expresa en una sola cifra. Estos son:

  1, 2, 3, 4, 5, 6, 7, 8, 9 y 0.

Número Entero.- Es el que consta de un número exacto de unidades.
  Ejemplo: 23, 8, 2...

Números Equivalentes.- Son aquellos que tienen diferente forma pero
  pero el mismo
Ejemplo:

$$0.5 = \frac{1}{2} \quad porque \quad \frac{5}{10} \times \frac{1}{2} = \frac{5 \times 2 = 10}{10 \times 1 = 10}$$

(cinco décimos)

Procedimiento:

Primero se expresa 0.5 (cinco décimos) en forma de fracción, o sea $\frac{5}{10}$ y se multiplica en forma cruzada con $\frac{1}{2}$ como en el ejemplo.

Como el resultado son dos cantidades iguales 10 y 10 se dice que 0.5 y $\frac{1}{2}$ son equivalentes.

2

Si el resultado de esta multiplicación no fuera dos cantidades iguales, entonces los números iniciales no son equivalentes.

Otro ejemplo: ¿Son equivalentes $.75$ y $\dfrac{3}{4}$?

$$0.75 = \dfrac{3}{4} = \dfrac{75}{100} \qquad\qquad \dfrac{3}{4} = \dfrac{300}{300} \qquad R = .75 \ y \ \dfrac{3}{4} \ son \ equivalentes$$

Cabe mencionar que en los dos ejemplos anteriores, las cantidades que resultan de esta multiplicación cruzada: 10 – 10   y   300 – 300, nos sirven únicamente para saber si los números iniciales   0.5 – $\underline{1}$ y   0.75 – $\underline{3}$ son equivalentes.
$\qquad\qquad\qquad\qquad\qquad\qquad\qquad\qquad\qquad\qquad\qquad$ 2 $\qquad\qquad\qquad\qquad$ 4

Números Ordinales.- Son los que indican o dan idea de orden o
$\qquad\qquad\qquad\qquad$ sucesión y se escriben con cifras romanas o arábigas.

También se puede definir el número ordinal de esta manera: se llama **NÚMERO ORDINAL** al número que indica el lugar que un ser o una cosa ocupan en un conjunto **ORDENADO.**

Ejemplo:

1° Primero	10° Décimo	20° Vigésimo
2° Segundo	11° Undécimo	21° Vigésimo primero
3° Tercero	12° Duodécimo	29° Vigésimo noveno
4° Cuarto	13° Decimotercero	30° Trigésimo
5° Quinto	14° Decimocuarto	40° Cuadragésimo
6° Sexto	15° Decimoquinto	50° Quincuagésimo
7° Séptimo	16° Decimosexto	60° Sexagésimo
8° Octavo	17° Decimoséptimo	90° Nonagésimo
9° Noveno	18° Decimoctavo	100° Centésimo
	19° Decimonoveno ó	
	Decimonono	

NOTA: Los números ordinales del 1° al 20° se escriben con una sola
$\qquad$ palabra.A partir del 21° (vigésimo 1°) se escriben con dos

--

palabras, excepto las decenas. (cuadragésimo – 40º, septuagésimo – 70º, etc).

A los números naturales 11 y 12 en números ordinales les corresponde el nombre de undécimo para el 11 y duodécimo para el 12 y no decimoprimero y decimosegundo, que es incorrecto.

Número Impar.- Es el que no es divisible por 2 o sea no puede dividirse entre 2.

Ejemplo: 7,   11,   13,   23,   etc.

Número Par.- Es el que es divisible por dos. Es decir, puede dividirse entre dos exactamente.

Ejemplo: 4,   10,   16,   42, etc.

Número Primo.- Es el que no admite más divisor exacto que él mismo y la unidad. Es decir, que sólo puede dividirse entre sí mismo ó entre 1.

Ejemplo: 7   y   11

Números Decimales.- Los números decimales los identificamos por el punto decimal. Dependiendo del lugar que ocupe un número en una cantidad después del punto, es el nombre que se le dará.

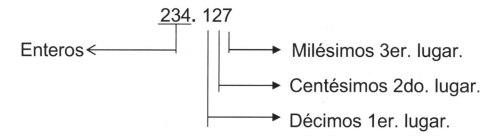

Se lee: 234 enteros, 127 milésimos

Cuando hablamos de cantidades de dinero, la cantidad que esté antes del punto, representa los pesos y la que aparece después del punto indica los centavos.

Ejemplo: $ 127.40 (Ciento veintisiete pesos, cuarenta centavos.)

Número Antecesor.- Un número es antecesor de otro cuando lo diminuye en una unidad o sea, que va antes de otro.

Ejemplo:

7 **es antecesor** de 8

24 **es antecesor** de 25

Número Sucesor.- Un número es sucesor de otro cuando lo aumenta en una unidad, es decir, que va después de otro.

Ejemplo:

4 **es sucesor** de 3

17 **es sucesor** de 16

VALOR POSICIONAL

El valor de un número puede ser:

Valor Absoluto.- Es el valor que tiene una cifra por su figura.

Valor Posicional.- Es el valor que tiene una cifra, según el lugar que ocupa.

Ejemplo: En el número 3_7_8:

7 es el **valor absoluto** y 70 es el **valor posicional**

En el número 2,_3_48:

3 es el **valor absoluto** y 300 es el **valor posicional**

En el número _8_,001

8 es el **valor absoluto** y 8000 es el **valor posicional**

ESCRITURA DE NÚMEROS

Escritura de números en forma abreviada.- Se proporcionan por separado las unidades, decenas, centenas, unidades de millar, etc. y se resumen en una sola cifra. Ejemplo:

$$6,000 + 300 + 40 + 7 = 6,347$$

$$2,000 + 800 + 30 + 5 = 2,835$$

$$70,000 + 5,000 + 400 + 90 + 3 = 75,493$$

Escritura de números en forma compacta con decimales.-

$$7 + \frac{3}{10} + \frac{8}{100} + \frac{7}{1,000} = 7.387$$

$$92 + \frac{4}{10} + \frac{5}{100} + \frac{2}{1,000} = 92.452$$

Escritura de números en forma desarrollada.-

Notación Desarrollada.- Es la suma en forma ordenada de los valores posicionales de sus cifras.

Ejemplos:

$$37,042 = 30,000 + 7,000 + 40 + 2$$

$$46,832 = 40,000 + 6,000 + 800 + 30 + 2$$

$$9,678 = 9,000 + 600 + 70 + 8$$

Escritura de números en forma desarrollada con fracciones.-

$$17.216 = 10 + 7 + \frac{2}{10} + \frac{1}{100} + \frac{6}{1,000}$$

$$705.978 = 700 + 5 + \frac{9}{10} + \frac{7}{100} + \frac{8}{1,000}$$

COMPARACION DE NÚMEROS

Al comparar dos números naturales sólo se pueden dar 3 posibilidades:

>   **Mayor**

<   **Menor**

=   **Igual**

Ejemplos:

3 < 7 se lee: 3 es menor que 7

10 > 4 se lee: 10 es mayor que 4

5 = 5 se lee: 5 es igual a 5

Compara los siguientes números escribiendo el signo que corresponde a cada par (< > =)

6,547 > 5,799   6.4 > .64

8.99 > .899   47 = 47

407 < 589   700 > 699

215 = 215   1,080 < 1,100

Comparación de números fraccionarios.-

Para saber si una fracción es mayor o menor que otra, se multiplica el numerador de la primera por el denominador de la segunda.

Después se multiplica el denominador de la primera por el numerador de la segunda.

La comparación de los resultados, indicará cuál de las dos fracciones es mayor, menor o si son iguales.

Ejemplo:

$$\frac{2}{3} \diagdown\kern-1.2em\diagup \frac{5}{6} = 12 \qquad 15 \qquad \textit{Por tanto } \frac{2}{3} \textit{ es menor que } \frac{5}{6}$$

$$\textit{porque } 12 \textit{ es menor que } 15$$

Comparación de un decimal con una fracción.-

Para comparar un decimal con una fracción, se convierte el decimal a fracción y después se comparan las dos fracciones.

Ejemplo: **Comparar 2.36 con** $2\frac{1}{3}$

$$2.36 \qquad 2\frac{1}{3} = 2\frac{36}{100} \qquad 2\frac{1}{3} = \frac{236}{100} \;\times\; \frac{7}{3} \;= 708 \; y \; 700$$

$$\text{Por lo tanto} \quad 2.36 \;>\; 2\frac{1}{3}$$

$$236 \times 3 = 708 \;\text{Corresponde} \; a \; 2.36$$

$$100 \times 7 = 700 \;\text{Corresponde} \; a \; 2\frac{1}{3}$$

Comparación de dos números decimales.-

Para comparar dos números decimales, se convierten estos a fracciones y se sigue el mismo procedimiento de comparación entre dos fracciones.

Ejemplo: Comparar   .07   con   .68   y   .8 con   .749

$$.07 \quad .68 = \frac{7}{100} \quad \frac{68}{100} \qquad\qquad .07 < .68$$

$$.8 \quad .749 = \frac{8}{10} \quad \frac{749}{1000} = \frac{800}{1000} \quad \frac{749}{1000} \qquad .800 \; > \; .749$$

$$\text{por tanto .8 es Mayor que .749}$$

Como .749 son milésimos, los .8 (ocho décimos) se convierten a milésimos para hacer la comparación agregando dos ceros.

Esto se hace agregando tanto al numerador como al denominador, los ceros que se necesitan para igualar las fracciones, en este caso son 2 ceros queda $\underline{8\ 00}$

$10\underline{,00,}$

$$\frac{800}{1000} \quad \frac{749}{1000} = .8 \textit{ es mayor que } .749$$

PUNTO MEDIO

El punto medio de dos números es el resultado de sumar estos dos números y después dividir la suma entre 2.

Ejemplo: **Busca el punto medio de 57 y 43**

$$57 + 43 = 100 \qquad 100 \div 2 = 50$$

el punto medio entre 57 y 43 es 50

Problema:

Si tienes un litro de agua a una temperatura de 80°C y lo mezclas con un litro de agua que está a 50°C. ¿Cuál será la temperatura de la mezcla?

$$R = 80 + 50 = 130 \qquad 130 \div 2 = 65$$

La temperatura será de 65° C

Problema:

Luis tiene $ 64.00 y su hermano tiene $ 17.00. Lo quieren repartir a partes iguales. ¿Cuánto le tocará a cada uno?

```
        64.00                    40.50
    +   17.00              2  |  81.00
        ─────                     (00)
        81.00
```

R = A cada uno le tocará $ 40.50

RECTA NUMERICA

Los números pueden representarse sobre una línea recta que se le da el nombre de **RECTA NUMERICA**.

Escogemos un número que asociamos con el cero.

Después escogemos una unidad de longitud que trasladamos a partir del cero hacia la derecha para representar los números enteros positivos y hacia la izquierda, para los enteros negativos.

Ejemplo:

En esta representación los números quedan ordenados y ese orden corresponde al orden de magnitud de los números.

Un número que está a la derecha de otro, es mayor que él. Por ejemplo: 7 > 3 pues 7 está a la derecha del 3 en la recta.

Ejemplos:

1. Marcar: 3, - 4 y 7

2. Marcar: -5, 6 y -2

¿Cómo se traza una Recta Numérica?

Para trazar una recta numérica:

1) Traza una línea recta.

2) Marca en ella un punto al que le corresponderá el número cero.

3) Toma una parte de la recta como unidad y con esa parte como medida, marca puntos igualmente espaciados en la recta.

4) Escribe en cada punto el número natural que le corresponde 1, 2, 3, 4, etc.

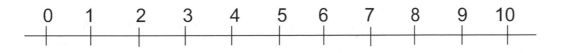

En la recta numérica podemos representar también otros números además de los enteros, por ejemplo las fracciones.

Ejemplos: **Sobre la recta numérica de 12 marca:**

1.- $\dfrac{1}{2}$, $\dfrac{3}{4}$, y $\dfrac{2}{2}$

2.- $\dfrac{1}{3}$, $\dfrac{2}{3}$ y $\dfrac{3}{3}$

3.- $\dfrac{3}{12}$, $\dfrac{6}{12}$ y $\dfrac{9}{12}$

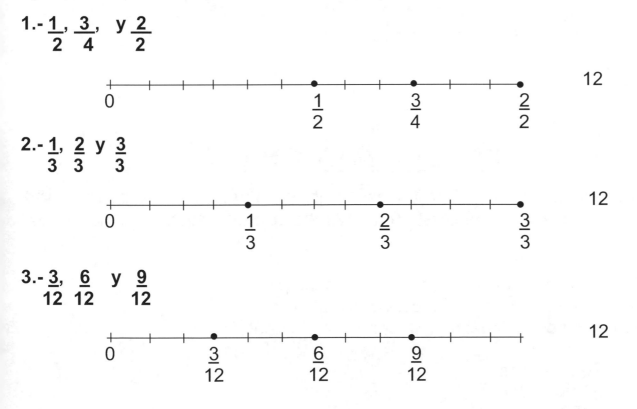

4. $5\dfrac{1}{3}$ y $2\dfrac{1}{2}$

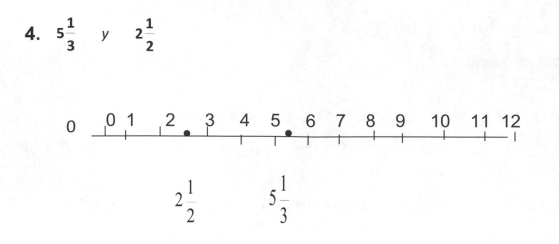

En la recta numérica también puede representarse la suma o adición mediante desplazamientos.

Ejemplo:

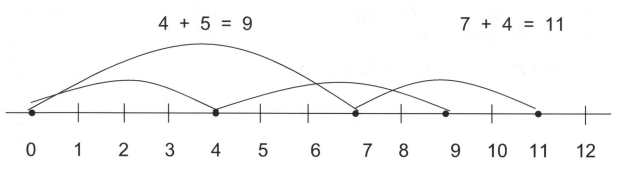

DECENA Y DOCENA

Decena.- Es un conjunto de 10 unidades: 10 libros son una decena de libros, 10 canicas son una decena de canicas, 10 manzanas son una decena de manzanas, etc.

30 naranjas es igual a 3 **decenas** de naranjas.
50 caballos es igual a 5 **decenas** de caballos.
100 alumnos es igual a 10 **decenas** de alumnos

7 decenas = 70 unidades.
2 decenas = 20 unidades.
15 decenas = 150 unidades.

Docena.- Es un conjunto de 12 unidades: 12 lápices son una docena de lápices, 12 pájaros son una docena de pájaros, 12 rosas son una docena de rosas.

36 árboles es igual a 3 **docenas** de árboles.

60 sillas es igual a 5 **docenas** de sillas.

120 vestidos es igual a 10 **docenas** de vestidos

2 docenas = 24 unidades

7 docenas = 84 unidades

14 docenas =168 unidades

Gruesa.- Es un conjunto de 12 docenas.

Ejemplo:

1 gruesa de rosas es igual al 144 rosas.

1 gruesa de lápices es igual a 144 lápices.

$\frac{1}{2}$ gruesa de cuadernos es igual a 72 cuadernos

es decir , $\frac{1}{2}$ gruesa = 6 docenas = 6 x 12 = 72 cuadernos

720 girasoles es igual a 5 gruesas de girasoles porque, 720 ÷ 144 = 5

1152 tulipanes es igual a 8 gruesas de tulipanes porque, 1152 ÷ 144 = 8

NUMERACION ROMANA

Los números romanos Los romanos usaron letras para representar los números.

fueron muy utilizados en otros tiempos. En la actualidad se emplean todavía para escribir números en algunos relojes, numerar los tomos de enciclopedias, los capítulos de un libro, para nombrar los siglos, los papas, etc.

Las letras tienen, en el sistema de numeración romana los siguientes valores:

SIGNOS FUNDAMENTALES Y SIGNOS SECUNDARIOS

I	X	C	M		V	L	D
1	10	100	1000		5	50	500

REGLAS PARA ESCRIBIRLOS CORRECTAMENTE:

1.- Los signos fundamentales sólo pueden repetirse tres veces:

III	XXX	CCC	MMM
3	30	300	3000

2.- Si un signo va seguido inmediatamente de otro igual o de menor valor, se suman sus valores:

XII	VIII	**XX**	**CCC**
12	8	20	300

3.- Un símbolo colocado a la izquierda de otro de mayor valor, resta su valor:

El **I** se resta de **V** y de **X**
El **X** se resta de **L** y de **C**
El **C** se resta de **D** y de **M**
V L D   no se restan

IX	CD	CM	XL
9	400	900	40

4.- Un signo fundamental escrito entre dos de mayor valor, se resta del que está a la derecha:

CXLIV	MCDXC	XLIX	XCIV
144	1,490	49	94

5.- Los números V, L y D no se repiten.

6.- Una rayita colocada encima de un número, lo multiplica por mil; dos rayitas por un millón, etc.

M	MM	MMM	$\overline{IV}$	$\overline{V}$	$\overline{VI}$	$\overline{VII}$	$\overline{VIII}$	$\overline{IX}$	$\overline{\overline{IX}}$
(1000)	(2000)	(3000)	(4000)	(5000)	(6000)	(7000)	(8000)	(9000)	(9'000,000)

Ejemplos:

Escribe con números romanos:

48	=	XLVIII		379	=	$\overline{C}$CCLXXIX
123	=	CXXIII		4,025	=	$\overline{IV}$XXV
1,030	=	MXXX		73	=	LXXIII

SERIE NUMERICA

Serie Numérica.- Es una serie de números que aumentan.

o disminuyen utilizando un mismo factor, es de un mismo número

Ejemplo:

5 - 10 - 15 - 20 - 25 - 30	**(se utilizó el factor 5)**
20 - 40 - 60 - 80 - 100 - 120	**(se utilizó el factor 20)**
4 - 8 - 12 - 16 - 20 - 24	**(se utilizó el factor 4)**

OPERACIONES FUNDAMENTALES

En aritmética existen 4 operaciones fundamentales: **SUMA**, **RESTA**, **MULTIPLICACION** y **DIVISIÓN**.

SUMA O ADICION

Suma o Adición.- Es la operación aritmética que consiste en reunir varias cantidades en una sola.

Los números que se suman se llaman **SUMANDOS** y el resultado recibe el nombre de **SUMA**.

Ejemplo: 7 + 9 = 16   15 + 8 = 23

```
    348    ◄————————  sumando
  + 124    ◄————————   sumando
  _____
    478    ◄————————  sumando
  _____
  = 950    ◄————————————  suma
```

Si se quiere comprobar que una suma es correcta, se realiza ésta en forma inversa. Si da el mismo resultado, es correcta la operación.

Ejemplo:

```
    1,657   ◄————————————  comprobación
      865  ↑
  +    83  │
      709  │
  _____
  = 1,657
```

RESTA O SUSTRACCION

Restar es quitar.

Resta o Sustracción.- Es la operación que tiene por objeto,   dados dos números llamados **MINUENDO** y **SUSTRAENDO**,

hallar un tercero, denominado **RESTA** o **DIFERENCIA**.

Dicho de otra manera, restar es hallar la diferencia entre dos cantidades. Ejemplo:

$$9 - 7 = 2 \longrightarrow \text{resta o diferencia}$$

minuendo $\longleftarrow$

$\longrightarrow$ Sustraendo

$$
\begin{array}{ll}
234 & \longleftarrow \text{Minuendo} \\
\underline{- \;\; 91} & \longleftarrow \text{Sustraendo} \\
= 143 & \longleftarrow \text{Resta o Diferencia}
\end{array}
$$

Si se quiere comprobar sí una resta es correcta, se sumarán la diferencia y el sustraendo y si el resultado es igual al minuendo, la operación es correcta.

Ejemplo:

$$
\begin{array}{l}
64,\;327 \\
\underline{- \quad\;\; 489} \\
\underline{63,\;838} \\
64,\;327 \longrightarrow \text{comprobación}
\end{array}
$$

MULTIPLICACION

Multiplicación.- Es la operación aritmética que tiene por objeto, dados dos números llamados **MULTIPLICANDO** y **MULTIPLICADOR**, hallar un tercero llamado **PRODUCTO.**

Este producto es igual a tantas veces el multiplicando como unidades tenga el multiplicador.

Ejemplo:

$4 \times 5 = 20$ ✿✿✿✿ ✿✿✿✿ ✿✿✿✿ ✿✿✿✿ ✿✿✿✿
$\qquad\qquad\quad$ 1 $\qquad$ 2 $\qquad$ 3 $\qquad$ 4 $\qquad$ 5 $\qquad$ = 20

5 veces el 4 es igual a 20

Los números que se multiplican se llaman **FACTORES**.

- Si uno de los factores es 1, el producto es igual al otro factor, es decir, un número multiplicado por uno, es igual al primero: $4 \times 1 = 4$

- Si uno de los factores es 0, el producto es igual a cero, es decir, un número multiplicado por cero, es igual a cero: $4 \times 0 = 0$

- El cambio de orden de los factores no altera el producto.

Ejemplo: $\qquad$ $3 \times 4 = 12$ $\qquad$ $4 \times 3 = 12$

Para multiplicar un producto de varios factores, se multiplica el primero por el segundo, el resultado por el tercero y así sucesivamente hasta multiplicar el último.

Ejemplo:

$3 \times 5 \times 4 \times 2 = 3 \times 5 = 15 \times 4 = 60 \times 2 = 120$

```
                    4612 ───────────►  Multiplicando
Factores           x 23 ───────────►  Multiplicador
                   13836
                    9224
                = 106076 ───────────►  Producto
```

LOS CEROS EN LA MULTIPLICACION

Para multiplicar un número por la unidad seguida de ceros, se le agregan tantos ceros a la derecha como ceros siguen a la unidad.

Ejemplos:

1.- 6 x 100 = 600   2.- 2 x 10 = 20   3.- 80 x 1000 = 80,000

4.- 617 x 3,200   5.- 7,840 x 57,000

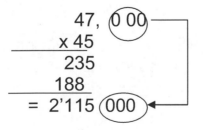

```
     617                           784 0
   x 32 00                       x   57 000
    1234                           5488
    1851                           3920
  = 1'974,4 00                   = 446'880,000
```

El ejemplo No. 4, ilustra el caso en que uno de los factores tiene uno o más ceros. Se efectúa la multiplicación de las unidades y finalmente se bajan los ceros. (En este caso, 2 ceros).

El ejemplo No. 5, ilustra el caso en que los dos factores terminan en cero. Se efectúa la operación de las unidades y se bajan tantos ceros, como ceros tengan los factores. (En el ejemplo: un cero en el multiplicando y 3 mas en el multiplicador = 4 ceros).

Ejemplo No. 6: **Multiplicar 47,000 x 45**

```
              47, 0 00
            x 45
              235
              188
          = 2'115 000
```

PRUEBA DE LA MULTIPLICACION

Para saber si el resultado de una multiplicación es correcto, se puede hacer una prueba o comprobación de la siguiente manera:

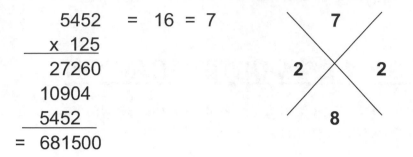

```
    5452    =  16 = 7
    x 125
    27260
    10904
    5452
  = 681500
```

Procedimiento:

Se traza una ✕ grande y se pone en el espacio superior, la suma de los dígitos del multiplicando, de esta manera:

$$5 + 4 + 5 + 2 = 16 = 1 + 6 = 7$$

En la parte inferior de la ✕ se pone la suma de los dígitos del multiplicador, así:

$$1 + 2 + 5 = 8$$

En el espacio derecho de la ✕ se escribe la suma de los dígitos del resultado:

$$6 + 8 + 1 + 5 = 20 = 2 + 0 = 2$$

En el espacio de la izquierda ●✕ , se obtiene multiplicando el número de arriba por el de abajo, como siempre reduciendo a una cifra, es decir:

$$7 \times 8 = 56 = 5 + 6 = 11 = 1 + 1 = 2$$

Si los números de la derecha y de la izquierda son iguales, la multiplicación es correcta como en este caso, que es 2 y 2.

Si estos dos números no resultan iguales, la multiplicación no es correcta.

Otro ejemplo:

634 = 13 = 4

$\underline{x\ 23}$ = 5

1902

1268

$\underline{}$
= 14582 = 20 = 2

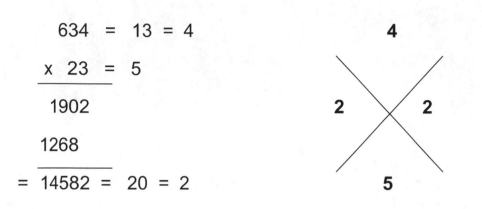

$4\ \ x\ \ 5\ =\ 20\ =\ 2\ +\ 0 = 2$

DIVISION

Dividir es repartir.

<u>División</u>.- Es la operación que tiene como objeto repartir una cantidad entre otra dada.

En la división se dan dos números **DIVIDENDO** y **DIVISOR** y se halla un tercero llamado **COCIENTE**.

Ejemplo: $12 \div 3 = 4$

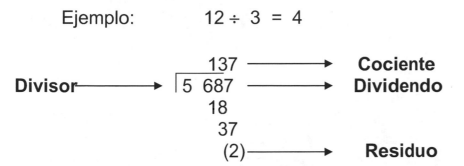

```
                137  ───────►  Cociente
Divisor  ───────► │5 687  ───────►  Dividendo
                 18
                 37
                (2) ───────►  Residuo
```

Si se quiere comprobar si una división es correcta, se multiplica el cociente por el divisor y al resultado se le suma el residuo en caso de que la división sea inexacta como sucede con el ejemplo.

El total deberá ser igual al dividendo.

```
        137              685
      x   5            +   2
      ───────         ───────
        685              687
```

Por tanto esta división es correcta.

<u>Para dividir dos números que terminen en ceros.</u>- Se suprimen igual número de ceros en el dividendo y en el divisor y después se efectúa la división.

Ejemplo:

```
         5                         125
500│ 2500              2400│ 302000
     0                         62
                              140
                             (20)
```

División con ceros en el divisor.- Para dividir un número entre otro terminado en ceros, se suprimen los ceros en el divisor y en el dividendo se pone el punto decimal a la izquierda, tantos lugares, como ceros se suprimieron. Después se efectúa la operación.

Ejemplo: 3 783   ÷   400

$$
\begin{array}{r}
9.45 \\
4\ \cancel{00}\ \overline{)\ 37.83} \\
1\ 8 \\
2\ 3 \\
(3)
\end{array}
$$

Ejemplo: 643 093 ÷ 7000

$$
\begin{array}{r}
91.870 \\
7\cancel{000}\ \overline{)\ 643.093} \\
13 \\
60 \\
49 \\
(\ 03)
\end{array}
$$

PRUEBA DE LA DIVISION

Otra manera de comprobar si el resultado de la división es correcto:

$$
\begin{array}{r}
273 \\
14\;\overline{)3826} \\
102 \\
046 \\
(04)
\end{array}
$$

En la parte superior de la ✕ se escribe la suma de los dígitos del cociente, reduciendo a una cifra:

$$2 + 7 + 3 = 12 = 1 + 2 = 3$$

En la parte inferior de la ✕ se escribe la suma de los dígitos del divisor.

$$1 + 4 = 5$$

En la derecha ✕ se escribe el resultado de multiplicar la cifra de arriba por la de abajo:

$$3 \times 5 = 15 = 1 + 5 = 6$$

Finalmente a la izquierda ✕ se pondrá la suma de los números del dividendo, y se le restara el residuo de la operación en caso de que hubiese:

$$3 + 8 + 2 + 6 = 19 = 1 + 9 = 10 = 10 - 4 = 6$$

Únicamente si los números de la izquierda y de la derecha de la ✕ son iguales, la división es correcta.

DIVISIBILIDAD

Divisibilidad.- Es la calidad de divisible.

Divisible.- Es lo que puede dividirse.

Número Divisible.- Es aquel que dividido por otro da por cociente un número entero, es decir, que lo divide exactamente
Un número es divisible por otro cuando éste, lo divide exactamente.

Ejemplo:

25 *es divisible por* 5 *porque* $25 \div 5 = 5$

25 *no es divisible por* 2 *porque* $25 \div 2 = 12$ *y sobra* 1.

(*No lo divide exactmente*)

Otra manera de definir la divisibilidad: Un número natural es divisible o múltiplo de **otro**, cuando es igual a éste, multiplicado por otro número natural cualquiera.

Ejemplo:

$$32 = 8 \times 4 \text{ porque } 8 \times 4 = 32$$

32 es divisible por 8 y por 4 ó 32 es múltiplo de 8 y de 4. Los números 8 y 4 son divisores o submúltiplos de 32.

Criterios de divisibilidad.-

1.- Un número es divisible entre 2, cuando termina en 0 ó en cifra par.
Ejemplo: 8, 6, 12, y 26.
2.-Un número es divisible entre 5, cuando termina en 0 ó en 5.
Ejemplo: 20, 35, 60 y 15.

3.- Un número es divisible entre 3, si la suma de los valores absolutos de sus cifras, es divisible entre 3.

Ejemplo: 39,   306,   12   y   2,304.

4.- Un número es divisible entre 4, si sus dos últimas cifras son ceros o forman un número divisible entre 4.

Ejemplo: 100, 64,   804 y   8,316.

5.- Un número es divisible entre 6, si es divisible entre 2 y entre 3.

Ejemplo: 3,042,   84, 36, y   48

6.- Un número es divisible entre 8, si sus tres últimas cifras son ceros o forman un número divisible entre 8.

Ejemplo: 17,000,   20,000   y   36,808

7.- Un número es divisible entre 9, si la suma de sus valores absolutos de sus cifras es divisible entre 9.

Ejemplo: 54,   342,   6,012   y   27.

8.- Un número es divisible entre 10, si termina en cero.

Ejemplo: 740,   490,   7,210   y   30.

MULTIPLO

Múltiplo, es el número que contiene a otro varias veces exactamente.

Ejemplo:

6 **es múltiplo** de 3 porque 6 contiene 2 veces el 3.

9 **es múltiplo** de 3 porque 9 contiene 3 veces el 3.

25 **es múltiplo** de 5 porque 25 contiene 5 veces el 5.

60 **es múltiplo** de 10 porque 60 contiene 6 veces el 10.

Submúltiplo.- Se aplica al número que es cociente exacto de otro por un número entero.

Ejemplo:

$$
15 \, \bigg| \begin{array}{l} \underline{5} \longrightarrow cociente \\ 75 \\ (\ 00\ ) \end{array}
$$

Por tanto 5 es submúltiplo de 75

Submúltiplo.- Es el número que está contenido en otro varias veces exactamente

Ejemplo:

3 **es submúltiplo** de 27 porque 3 está contenido 9 veces en 27

5 **es submúltiplo** de 15 porque 5 está contenido 3 veces en 15

20 **es submúltiplo** de 100 porque 20 está contenido 5 veces en 100

FRACCIONES

Una **fracción** representa partes iguales de una unidad entera. Al dividir una unidad entera en partes iguales, a cada parte la llamamos **FRACCION COMUN.**

Las fracciones comunes tienen dos términos: el **DENOMINADOR**, que indica las partes iguales en que se ha dividido la unidad y el **NUMERADOR** que nos dice cuantas de esas partes se han tomado.

Ejemplo:

$$\frac{2}{3}$$ ⟵——— numerador
⟵———denominador

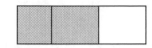

Fracción Propia.- Es cuando el numerador es menor que el denominador.

Ejemplo: $\frac{2}{6}$, $\frac{1}{5}$, etc.

Fracción Impropia.- Es aquella cuyo numerador es mayor que el denominador.

Ejemplo: $\frac{7}{2}$, $\frac{8}{4}$, etc.

Las fracciones propias son menores que la unidad y las fracciones impropias son iguales o mayores que la unidad.

También es fracción impropia cuando el numerador y el denominador son iguales, es decir, cuando representa un entero.

Ejemplo: $\frac{3}{3}$, $\frac{5}{5}$, $\frac{12}{12}$

La unidad está representada por fracciones que tienen numerador y denominador iguales.

Ejemplo: $\dfrac{4}{4}$, $\dfrac{2}{2}$, $\dfrac{5}{5}$, etc.

Toda fracción común expresa un cociente en el cual, el numerador es el dividendo y el denominador es el divisor.

Ejemplo:

$$\dfrac{2}{6}$$ ← dividendo
← divisor

$\dfrac{2}{6}$ representa una división en la que 2 se divide entre 6.

Número Mixto.- Es el que está formado por un entero más una fracción propia.

Ejemplo:

$$3\,\dfrac{2}{5}$$

Para convertir un número mixto en fracción impropia, se multiplica el entero por el denominador de la fracción y al resultado se le suma el numerador, quedando como denominador el mismo.

Ejemplo:

$$3\,\dfrac{1}{2} = \dfrac{3 \times 2 + 1}{2} = \dfrac{7}{2}$$

Para convertir una fracción impropia en Número mixto, se divide el numerador entre el denominador.

El cociente será el entero y la fracción se forma poniendo como numerador el residuo y por denominador el mismo.
Ejemplo:

$$\frac{25}{7} = 3\frac{4}{7}$$

$$7\overline{)25}^{\,3}$$
$$(4)$$

FRACCIONES EQUIVALENTES

Dos o más fracciones son equivalentes cuando tienen el mismo valor aunque no tengan la misma forma.

Ejemplo:
$$\frac{1}{2} = \frac{2}{4} = \frac{4}{8} \qquad\qquad \frac{5}{10} = \frac{1}{2}$$

En el primer caso se sacaron las 2 fracciones equivalentes multiplicando sus términos por 2. Es decir, que $\frac{1}{2}$ tiene el mismo valor que $\frac{2}{4}$ y $\frac{4}{8}$.

En el segundo caso, se sacó la fracción equivalente dividiendo los términos entre 5.

El valor de una fracción no se altera si el numerador y el denominador se multiplican o se dividen por el mismo número.

De modo que: si multiplicamos o dividimos el numerador y el denominador de una fracción común por un mismo número, obtendremos otra fracción equivalente a la primera.

Simplificar una fracción, es transformarla en otra equivalente que tenga sus términos más sencillos.

Para simplificar una fracción, se dividen sus dos términos por un mismo número que los divida exactamente. Ejemplo: Simplifica $\frac{12}{36}$

$$\frac{12}{36} = \frac{12 \div 2}{36 \div 2} = \frac{6}{18} = \frac{6 \div 2}{18 \div 2} = \frac{3}{9} = \frac{3 \div 3}{9 \div 3} = \boxed{\frac{1}{3}}$$

Ejemplo: **Simplifica la siguiente fracción**: $\frac{16}{32}$

$$\frac{16}{32} = \frac{16 \div 4}{32 \div 4} = \frac{4}{8} = \boxed{\frac{1}{2}}$$

Para expresar un número natural en forma de fracción con denominador dado, se escribe como numerador el producto del número por el denominador y se pone por denominador el dado.

1.- Expresa el número 4 en sextos:

$$4 \times 6 = \boxed{\frac{24}{6}}$$

2.- Expresa el 2 en quintos:

$$\mathbf{2} \times 5 = \boxed{\frac{10}{5}}$$

Escribir un número natural en forma de fracción.- Basta con ponerle al número natural como denominador el 1. Ejemplo:

Expresa en forma de fracción el 4 y el 2: $4 = \frac{4}{1}$ 2 $\frac{2}{1}$ $=$

Comparación de fracciones comunes.-¿Cuál es la mayor?.. Si se desea saber entre varias fracciones cual es la mayor:

1.- Si las fracciones tienen el mismo denominador, es mayor la que tiene mayor numerador.

Ejemplo: $\frac{3}{5}, \frac{2}{5}, \frac{4}{5}$ la mayor es $\frac{4}{5}$

2.- Si las fracciones tienen el mismo numerador, es mayor la que tiene menor denominador.
Ejemplo: $\frac{3}{6}, \frac{3}{4}, \frac{3}{7}$ la mayor es $\frac{3}{4}$

3.- Si las fracciones son de diferente numerador y denominador, se tiene que sacar un común denominador para establecer la comparación como en el caso 1.

Ejemplo: Comparar $\dfrac{3}{6}$ y $\dfrac{2}{5}$

$$\dfrac{3}{6} \quad \dfrac{2}{5} = \dfrac{15}{30} \quad \dfrac{12}{30} \qquad \text{la mayor es } \dfrac{3}{6}$$

①   ②   ①   ②

4.- Comparar fracciones distintas puede hacerse también sin tomarse en cuenta los denominadores y multiplicando en forma cruzada los dos términos.

Ejemplo: Comparar $\dfrac{2}{3}$ y $\dfrac{5}{6}$

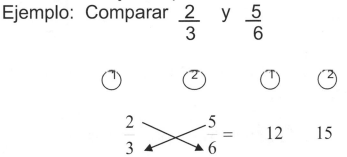

$$\dfrac{2}{3} \diagdown\diagup \dfrac{5}{6} = \quad 12 \quad 15$$

La fracción mayor es $\dfrac{5}{6}$ porque 15 corresponde a la segunda fracción y

15 es mayor que 12

Ordenar varias fracciones de mayor a menor, que tienen distinto denominador.

Para ordenar varias fracciones de distinto denominador, de mayor a menor, se convierten las fracciones a decimales, dividiendo el numerador entre el denominador y después se ordenan

Ejemplo: **Ordenar de mayor a menor las siguientes fracciones:**

$\dfrac{2}{4}$	$\dfrac{15}{4}$	$\dfrac{8}{10}$	$\dfrac{7}{3}$	$\dfrac{6}{8}$	$\dfrac{2}{6}$	$\dfrac{15}{35}$	$\dfrac{6}{40}$
.5	3.7	.8	2.3	.7	.3	.4	.1

$\dfrac{15}{4}$	$\dfrac{7}{3}$	$\dfrac{8}{10}$	$\dfrac{6}{8}$	$\dfrac{2}{4}$	$\dfrac{15}{35}$	$\dfrac{2}{6}$	$\dfrac{6}{40}$

Así quedan las fracciones ordenadas de mayor a menor.

¿Cuál es la fracción mayor?.- Para saber qué fracción es mayor cuando se trate de denominadores 10, 100, 1000, etc., y distinto numerador, se hace lo siguiente: tomando como referencia el mayor denominador se igualan con ceros los dos términos de las otras fracciones y la mayor será la que tenga el numerador más grande.

Ejemplo:

$$\frac{3}{10} \qquad \frac{12}{100} \qquad \frac{70}{1000} \qquad\qquad \frac{300}{1000} \qquad \frac{120}{1000} \qquad \frac{70}{1000}$$

la fracción mayor es $\frac{300}{1000}$ que simplificada se convierte en $\frac{3}{10}$

Atención: En este ejemplo el mayor denominador es 1000. De modo que las otras fracciones se igualan a milésimos.

En la primera fracción $\frac{3}{10}$, se agregan dos ceros para convertirla a milésimos y queda en $\frac{300}{1000}$

En la segunda fracción $\frac{12}{100}$, como son centésimos, sólo hay que agregar un cero para convertirse en milésimos y queda en $\frac{120}{1000}$

Después se compararon los números: 300 - 120 - 70 quedando $\frac{3}{10}$ como la fracción mayor.

Para encontrar una fracción equivalente a otra, basta multiplicar tanto el numerador como el denominador por el mismo número.

Ejemplo:

$$\frac{2}{3} = \frac{2 \times 4}{3 \times 4} = \frac{8}{12}$$

De modo *que resulta que* $\frac{8}{12}$ *es equivalente a* $\frac{2}{3}$

Comprobación Gráfica.-

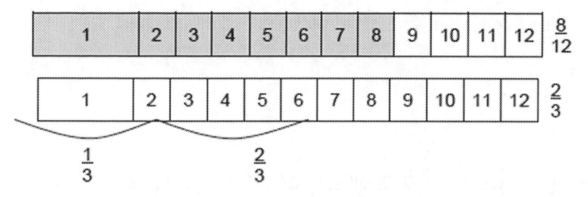

hay número que divida a los dos Algunas veces también se puede **encontrar una fracción equivalente** a otra, dividiendo tanto el numerador como el denominador por un mismo número.

Ejemplo:

$$\frac{9}{15} = \frac{9 \div 3}{15 \div 3} = \frac{3}{5}$$

Por tanto $\frac{3}{5}$ *es equivalente de* $\frac{9}{15}$

NOTA: Encontrar una fracción equivalente a otra, dividiendo numerador y denominador entre el mismo número no siempre es posible porque algunas veces no se puede dividir numerador y denominador entre el mismo número que los divida exactamente.

Ejemplo: $\frac{2}{3}$ no tiene fracción equivalente dividiendo 2 y 3, porque no

hay número que divida a los dos exactamente.

Fracciones Decimales.- Son las fracciones con denominador 10, 100, 1000, o cualquier múltiplo de 10.

Ejemplo: $\frac{5}{10}$, $\frac{25}{100}$, $\frac{310}{1000}$

También pueden representarse utilizando el punto decimal.

Ejemplo:

.5   .25   .310

Conversión de fracciones comunes a su expresión decimal:

$$\frac{2}{10} = 0.2 \qquad\qquad \frac{435}{1000} = 0.435$$

$$\frac{8}{1000} = 0.008 \qquad\qquad \frac{9}{1000} = 0.009$$

$$\frac{5}{100} = 0.05$$

Escritura en forma abreviada de números expresados como sumas de enteros y fracciones.

$$60 + 3 + \frac{3}{10} + \frac{4}{100} + \frac{9}{1000} = 63.349$$

$$10 + 8 + \frac{5}{100} + \frac{4}{1000} = 18.054$$

$$700 + 90 + 4 + \frac{5}{1000} = 794.005$$

Conversión de fracciones comunes a decimales.-

Para convertir una fracción común a una fracción decimal, hay que buscar multiplicar el denominador de la fracción común por un número tal , que el producto sea igual a 10 o un múltiplo de 10. Ejemplo:

$$\frac{3}{5} = \frac{3 \times 2}{5 \times 2} = \frac{6}{10} = 0.6$$

$$\frac{1}{4} = \frac{1 \times 25}{4 \times 25} = \frac{25}{100} = 0.25$$

$$\frac{5}{2} = \frac{5 \times 5}{2 \times 5} = \frac{25}{10} = 2.5 \quad (Son\ 25\ décimos,\ o\ sea\ 2.5)$$

Otra forma de convertir una fracción común a decimal es, dividiendo el numerador entre el denominador.

$$\frac{3}{5} = 3 \div 5 = 0.6 \qquad \frac{1}{4} = 1 \div 4 = 0.25 \qquad \frac{5}{2} = 5 \div 2 = 2.5$$

SUMA DE FRACCIONES

Para sumar fracciones que tienen el mismo denominador, se suman los numeradores y se pone por denominador el mismo.

Ejemplo:

$$\frac{1}{8} + \frac{4}{8} + \frac{2}{8} = \boxed{\frac{7}{8}}$$

Para sumar fracciones que tienen diferente denominador se pueden hacer dos cosas:

1.- Se busca un común denominador y después se procede como en el caso anterior.

Ejemplo:

$$\frac{2}{3} + \frac{3}{4} + \frac{5}{6} \ \bigg| = \frac{8}{12} + \frac{9}{12} + \frac{10}{12} = \frac{27}{12} = \quad 2\frac{\overset{1}{\cancel{3}}}{\cancel{12}} - \boxed{2\frac{1}{4}}$$

3	2	3	2
3	1	3	2
1	1	1	3 = 12

$$12\,\overline{)\,27}^{\,2} \atop (3)$$

¿Cómo se saca un común denominador?.- Como se puede observar, a los denominadores se les saca la mitad, tercera, cuarta, quinta, etc., según sea posible y después se multiplican estos números (2 x 2 x 3) y ya tenemos el **denominador común** a todas las fracciones (12 en este caso).

Después este denominador, se divide entre el denominador de la primera fracción y el resultado se multiplica por el numerador (12 ÷ 3 = 4, 4 x 2 = 8) ésto es el numerador de la primera fracción: $\frac{8}{12}$

Después se procede de la misma forma con la segunda, hasta terminar con todos los sumandos y finalmente se suman los numeradores resultantes y se pone por denominador el mismo (12).

NOTA: En toda operación con fracciones, los resultados se simplifican si es posible, o se reducen a números enteros o mixtos si se trata de fracciones impropias

La segunda forma de efectuar la suma de fracciones es la siguiente: se utilizan fracciones equivalentes, cruzando numerador con denominador y viceversa.

Ejemplo:

$$\frac{3}{5} + \frac{1}{4} = \frac{3 \times 4}{5 \times 4} + \frac{1 \times 5}{4 \times 5} = \frac{12}{20} + \frac{5}{20} = \boxed{\frac{17}{20}}$$

$$\frac{3}{5} + \frac{1}{4} = \frac{12}{20} + \frac{5}{20} = \boxed{\frac{17}{20}}$$

Otro ejemplo:

$$\overset{A}{\frac{1}{2}} + \overset{B}{\frac{4}{5}} + \overset{C}{\frac{2}{3}} = \frac{15}{30} + \frac{24}{30} + \frac{20}{30} = \frac{59}{30} = \boxed{1\frac{29}{30}}$$

$$A = \frac{1}{2} = \frac{1 \times 5 \times 3}{2 \times 5 \times 3} = \frac{15}{30}$$

$$B = \frac{4}{5} = \frac{4 \times 2 \times 3}{5 \times 2 \times 3} = \frac{24}{30}$$

$$C = \frac{2}{3} = \frac{2 \times 5 \times 2}{3 \times 5 \times 2} = \frac{20}{30}$$

Como puede verse 30 *es el común denominador*

Cuando en los denominadores se puede encontrar fácilmente un múltiplo común, se toma éste como común denominador, se divide entre el denominador de cada fracción y el cociente se multiplica por el numerador respectivo.

Ejemplo: $\dfrac{5}{8} + \dfrac{3}{4}$

En $\dfrac{5}{8}$ y $\dfrac{3}{4}$ el número 8 es el múltiplo común de los denominadores porque el 4 cabe exactamente en el 8 dos veces.

$$\dfrac{5}{8} + \dfrac{3}{4} = se\ convierte\ en\ \dfrac{5}{8} + \dfrac{6}{8} = \dfrac{11}{8} = \boxed{1\dfrac{3}{8}}$$

$$8\,\overline{)\,11\,}^{\,1}$$

(3)

RESTA DE FRACCIONES

Para poder restar las fracciones, el minuendo debe ser mayor o igual que el sustraendo.

Para restar dos fracciones que tengan el mismo denominador, se restan los numeradores y se pone por denominador el mismo.
Ejemplo:

$$\frac{7}{8} - \frac{2}{8} = \frac{5}{8}$$

Para restar dos fracciones con diferente denominador, se saca el común denominador y se efectúa la resta como en el caso anterior.
Ejemplo:

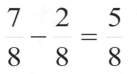

$$\frac{4}{5} - \frac{2}{4} = \frac{16}{20} - \frac{10}{20} = \frac{\overset{3}{\cancel{6}}}{\underset{10}{\cancel{20}}} = \frac{3}{10}$$

$$
\begin{array}{rr|r}
5 & - 4 & 2 \\
5 & - 2 & 2 \\
5 & - 1 & 5 \\
1 & & \\
\end{array}
\quad = \quad 20 \quad (Común\ Denominador)
$$

Para restar dos números mixtos, se reducen a fracciones impropias y se restan las fracciones que resultan.
Ejemplo:

$$3\frac{2}{5} - 1\frac{2}{3} = \frac{17}{5} - \frac{5}{3} = \frac{51}{15} - \frac{25}{15} = \frac{26}{15} = \boxed{1\frac{11}{15}}$$

NOTA: El resultado de la operación deberá simplificarse siempre que sea posible.

43

MULTIPLICACION DE FRACCIONES

Para multiplicar una fracción por un entero, se multiplica el entero por el numerador y al producto se le pone por denominador el de la fracción. Después se simplifica si es posible.

Ejemplo:

$$6 \times \frac{4}{9} = \frac{6 \times 4}{9} = \frac{24}{9} = \frac{8}{3} = \boxed{2\frac{2}{3}}$$

Para multiplicar fracciones comunes, se multiplican los numeradores para saber el numerador del resultado y después se multiplican los denominadores que serán el denominador del resultado. Finalmente se simplifica el resultado.

Ejemplos:

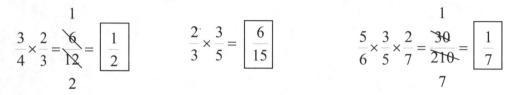

Para multiplicar una fracción por un mixto, se reduce el mixto a fracción impropia y se multiplican las dos fracciones normalmente y se simplifica.
Ejemplo:

$$\frac{7}{8} \times 2\frac{5}{6} = \frac{7}{8} \times \frac{17}{6} = \frac{119}{48} = \boxed{2\frac{23}{48}}$$

$$48 \overline{\smash{\big)}\, 119} \quad \begin{array}{c} 2 \end{array}$$

$$(23)$$

Para multiplicar número mixtos, se convierten éstos a fracciones impropias y se multiplican las fracciones normalmente. El resultado se simplifica si es posible.

Ejemplo:

$$1\frac{3}{4} \times 3\frac{1}{3} = \frac{7}{4} \times \frac{10}{3} = \frac{70}{12} = 5\frac{10}{12} = \boxed{5\frac{5}{6}}$$

$$12 \overline{\smash{\big)}\, 70} \quad \begin{array}{c} 5 \end{array}$$

$$(10)$$

DIVISIÓN DE FRACCIONES

Para dividir dos fracciones, basta con multiplicar el dividendo por el divisor invertido. El resultado se simplifica.

Esta regla se aplica también en los casos en que el dividendo o el divisor sean números enteros o números mixtos, expresándolos siempre en forma de fracción.

$$\frac{3}{4} \div \frac{2}{5} = \frac{3}{4} \times \frac{5}{2} = \frac{15}{8} = \boxed{1\frac{7}{8}}$$

También puede abreviarse el planteamiento así:

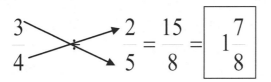

$$= \frac{15}{8} = \boxed{1\frac{7}{8}}$$

División de un número mixto entre una fracción.- Se convierte el mixto a fracción impropia y se hace la división de dos fracciones. El resultado se simplifica.

Ejemplo:

$$3\frac{1}{4} \div \frac{1}{3} = \frac{13}{4} \div \frac{1}{3} = \frac{39}{4} = \boxed{9\frac{3}{4}}$$

$$\begin{array}{r} 9 \\ \hline 4 \,|\, 39 \\ (3) \end{array}$$

División de dos números mixtos.- Se convierten los mixtos a fracciones impropias y se hace la división de fracciones. El resultado se simplifica si es posible.

Ejemplo:

$$3\frac{1}{2} \div 1\frac{1}{4} = \frac{7}{2} \div \frac{5}{4} = \frac{28}{10} = 2\frac{\cancel{8}^{4}}{10} = \boxed{2\frac{4}{5}}$$

$$\begin{array}{r} 2 \\ \hline 10 \,/\, 28 \\ (8) \end{array}$$

45

División de un mixto entre un entero.- Se convierte el mixto a fracción impropia, el entero se convierte en fracción y se hace la división de dos fracciones.

Ejemplo:

$$3\,\frac{1}{4} \div 32 = \frac{13}{4} \div \frac{32}{1} = \boxed{\frac{13}{128}}$$

División de una fracción entre un entero.- Se expresa el entero en forma de fracción poniéndole como denominador el número 1 y se dividen las dos fracciones.

Ejemplo:

$$\frac{60}{5} \div 4 = \frac{60}{5} \div \frac{4}{1} = \frac{\overset{3}{\cancel{60}}}{\underset{1}{\cancel{20}}} = \frac{3}{1} = \boxed{3}$$

NÚMEROS DECIMALES

Los números decimales resultan de dividir la unidad entera en 10, 100, 1000, etc., partes iguales.

Las unidades decimales se relacionan entre sí, de igual manera que las unidades enteras:

1 unidad entera	=	10 décimos
1 décimo	=	10 centésimos
1 centésimo	=	10 milésimos
1 milésimo	=	10 diezmilésimos, etc.

Es decir, cada unidad decimal es 10 veces mayor que la del orden inmediato inferior.

Los Números Decimales.- Son los formados por una parte entera y una parte decimal. También se llaman números decimales a las fracciones decimales.

EJEMPLO:

$$\frac{5}{10} \quad , \quad \frac{25}{100} \quad , \quad \frac{320}{1,000} \quad , \quad \text{etc.}$$

El Punto Decimal.- Sirve para separar la parte entera de la parte decimal.

Los órdenes decimales se consideran del punto decimal a la derecha.

A continuación una gráfica que señala el orden de los números enteros y de los decimales, así como el lugar que ocupa el punto decimal.

Orden de Lugares

Parte Entera						**Punto Decimal**	**Parte Decimal**					
Centenas de millar	Decenas de millar	Unidades de millar	Centenas	Decenas	Unidades		Décimos	Centésimos	Milésimos	Diezmilésimos	Cienmilésimos	Millonésimos
6°	5°	4°	3°	2°	1°		1°	2°	3°	4°	5°	6°
Orden de Enteros							**Orden de Decimales**					

I) Ejemplos resueltos de acuerdo a la gráfica de orden de lugares:

¿Cuántos milésimos tiene un décimo?   R= 100

¿Cuántos Millonésimos tiene un centésimo?   **R= 10,000**

¿Cuántos diezmilésimos tiene una decena?   **R= 100,000**

¿Cuántas unidades son 300 centésimos?   **R= 3**

¿Cuántos décimos son 900 milésimos?   **R= 9**

II) Descomponer en los órdenes de unidades los números siguientes:

17.034 = **1 Decena, 7 Unidades, 3 Centésimos y 4 Milésimos**.

4.0064 = **4 Unidades, 6 Milésimos y 4 Diezmilésimos**.

Tomando en cuenta el orden de los enteros y los decimales, el número dieciséis enteros, cuarenta y tres mil, ciento noventa y dos millonésimos, debe escribirse así:

1	6.	0	4	3	1	9	2
Decenas	Unidades	Décimos	Centésimos	Milésimos	Diezmilésimos	Cienmilésimos	Millonésimos

La última cifra, 2, debe ocupar precisamente el lugar que corresponde a los millonésimos. Para escribir esta cantidad se tiene que poner un cero en el lugar de los décimos porque no hay cifra que ocupe el lugar de los décimos.

Otro ejemplo: **Escribir:**

Treinta y siete diezmilésimos = **0.0037**

Nueve enteros, cinco milésimos = **9.005**

Los números decimales se leen: primero los números enteros añadiendo la palabra <u>enteros</u> y después la parte decimal agregando el nombre del <u>orden decimal de la última cifra</u>.

Ejemplo.

  34.005 *se lee* 34 *enteros*, 5 *milésimos*

  3.16 *se lee* 3 *enteros*, 16 *centésimos*

En el caso de fracciones decimales, puede omitirse **cero enteros** y leerse únicamente la parte decimal.

Ejemplo:

  0.102 *se lee ciento dos milésimos*;

  0.6 *se lee seis décimos*;   *o bien*

  0.45 *cero enteros, cuarenta y cinco centésimos.*

El valor de un número decimal no se altera agregando o suprimiendo ceros a la derecha.

  4.0500 es igual a 4.05

  28.930 es igual a 28.93

  369.900 es igual a 369.9

Comparación de Números Decimales.-

El mayor es el que tiene el número mayor de unidades. Si las unidades son iguales, se comparan los décimos y es mayor el que tenga el número mayor de décimos.

Si es igual el número de décimos, es mayor el que tiene el número mayor de centésimos y así sucesivamente.

Ejemplo: **Ordenar de mayor a menor:**

1.05   1.97   1.25   2.001 = 2.001   1.97   1.25   1.05

Otro ejemplo: Ordenar de mayor a menor : $\dfrac{2}{5}$, 0.50, $\dfrac{3}{4}$ y 0.20

$$\overset{(.4)}{\dfrac{2}{5}}, \quad 0.50, \quad \overset{(.75)}{\dfrac{3}{4}}, \quad 0.2 \quad = \quad \dfrac{3}{4}, \quad .50, \quad \dfrac{2}{5}, \quad .2$$

NOTA: $\dfrac{2}{5}$ y $\dfrac{3}{4}$ se convierten a decimales para hacer la comparación, dividiendo el numerador entre el denominador.

SUMA O ADICION DE DECIMALES

Los números decimales se suman de la misma forma que los números naturales.

Se colocan los sumandos uno debajo del otro, de manera que correspondan las unidades enteras y fraccionarias del mismo orden, es decir, unidades debajo de unidades, décimos debajo de décimos, centésimos debajo de centésimos, etc.

Por tanto los puntos decimales tienen que quedar en columna uno debajo del otro. El punto decimal de la suma, queda por consiguiente en la misma columna. Ejemplo:

$$\begin{array}{r} 8.45 \\ 24.371 \\ 0.75 \\ \underline{3.804} \\ = 37.375 \end{array}$$

RESTA DE NÚMEROS DECIMALES

Los números decimales se restan de la misma forma que los números naturales.

Se coloca el minuendo y debajo el sustraendo de modo que correspondan los órdenes de unidades. Por tanto, los puntos decimales quedan en columna, o sea, uno debajo del otro. En la diferencia, el punto se coloca en la misma columna del minuendo y del sustraendo.

Es conveniente igualar el número de cifras decimales del minuendo y el sustraendo agregando o suprimiendo ceros a la derecha.

Ejemplo: **Restar:** 62 .84 – 9.375

$$
\begin{array}{r}
62.840 \\
-\quad 9.375 \\
\hline
= 53.465
\end{array}
$$

Otro ejemplo: 25.64 – 17.8456

$$
\begin{array}{r}
25 .6400 \\
-\quad 17 .8456 \\
\hline
= 07 .7944
\end{array}
$$

MULTIPLICACION DE DECIMALES

Los números decimales se multiplican igual que los números naturales, teniendo cuidado de separar, en el producto, de derecha a izquierda, tantas cifras decimales, como decimales haya en ambos factores y si faltaran lugares, se llenan con ceros.

Ejemplo:

$$
\begin{array}{r}
8\ 0\ 4 . 5\ 2 \\
\times \quad 0.6\ 8 \\
\hline
6\ 4\ 3\ 4\ 1\ 6 \\
4\ 8\ 2\ 7\ 1\ 2 \quad \\
\hline
=\ 5\ 4\ 7 . 0\ 5\ 3\ 6
\end{array}
\qquad
\begin{array}{r}
0.0\ 6\ 0\ 3 \\
\times\ 0.0\ 7 \\
\hline
=\ 0.0\ 0\ 4\ 2\ 2\ 1
\end{array}
$$

En el primer ejemplo hay cuatro decimales, por tanto el punto se pone en el cuarto lugar.

En el segundo ejemplo, hay 6 decimales, por tanto el punto se pone en el sexto lugar, para lo cual se tienen que agregar dos ceros.

Para multiplicar un número decimal por 10, 100, 1000, etc., se corre el punto tantos lugares hacia la derecha como ceros sigan a la unidad y si faltan lugares se llenan con ceros.

Ejemplo.

$$
\begin{aligned}
3.65 \times 10 &= 36.5 \\
0.0024 \times 100 &= 0.24 \\
5.83 \times 100 &= 583 \\
0.02 \times 1000 &= 20
\end{aligned}
$$

DIVISION DE NÚMEROS DECIMALES

Para dividir un **número decimal entre un número natural**, se dividen como si ambos fueran números naturales y de la derecha del cociente, se separan tantas cifras decimales como tenga el dividendo. Si faltan lugares se ponen a la izquierda los ceros necesarios.

El residuo representa unidades del mismo orden que la última cifra decimal del dividendo.

Ejemplo:

$$
\begin{array}{r}
10.65 \\
7 \,\overline{\smash{)}74.56} \\
045 \\
36 \\
(1)
\end{array}
\qquad
\begin{array}{r}
31.469 \\
15 \,\overline{\smash{)}472.036} \\
022 \\
070 \\
103 \\
(136) \\
(01)
\end{array}
\qquad
\begin{array}{r}
.0437 \\
56 \,\overline{\smash{)}2.4472} \\
207 \\
392 \\
(00)
\end{array}
$$

En el primer ejemplo, el residuo es 1 centésimo.

En el segundo ejemplo, el residuo es 1 milésimo.

NOTA.- Al tomar la primera cifra decimal del dividendo, debe colocarse el punto decimal en el cociente.

Para dividir dos números decimales o un número natural entre un decimal, se transforma la división en otra equivalente, multiplicando el dividendo y el divisor por la unidad seguida de tantos ceros como cifras decimales tiene el divisor. Después se efectúa la división como en el caso anterior.

Ejemplo:

$43.6 \div 0.2$ $6.28 \div 0.4$ $3 \div 0.07$

$$\begin{array}{r} 218 \\ \hline 0_\times 2 \mid 43_\times 6 \\ 03 \\ 16 \\ (0) \end{array}$$

$$\begin{array}{r} 15.7 \\ \hline 0_\times 4 \mid 6_\times 2.8 \\ 2\,2 \\ 2\,^8 \\ (^0) \end{array}$$

$$\begin{array}{r} 42 \\ \hline 0_\times 07 \mid 3_\times 00 \\ 20 \\ (6) \end{array}$$

En las divisiones inexactas, o sea, cuando el residuo no es cero, se puede obtener un cociente aproximado hasta determinado orden decimal, con sólo continuar la operación, añadiendo ceros a la derecha de los residuos parciales. Debe tenerse mucho cuidado de poner el punto decimal al tomar la primera cifra decimal del dividendo.

Ejemplo: **Divide aproximando el cociente hasta centésimos:**

$$\begin{array}{r} 16.17 \\ \hline 23 \mid 372 \\ 142 \\ 040 \\ 170 \\ (09) \end{array}$$

$$\begin{array}{r} 1.13 \\ \hline 34 \mid 38.5 \\ 04\,5 \\ 1\,10 \\ (08) \end{array}$$

Si el dividendo es menor que el divisor, se pone en el cociente un cero seguido del punto decimal y se continúa la operación, agregando ceros a la derecha del dividendo y de los sucesivos residuos parciales.

Ejemplo:

$3 \div 92$ $2.1 \div 15$

$$\begin{array}{r} 0.03 \\ \hline 92 \mid 300 \\ (24) \end{array}$$

$$\begin{array}{r} 0.14 \\ \hline 15 \mid 2.1 \\ 0\,60 \\ (00) \end{array}$$

Para dividir un número natural entre 10, 100, 1000, 10,000, etc., se separan de derecha a izquierda tantas cifras decimales como ceros tenga el divisor.

$$64 \div 10 = 6.4$$
$$373 \div 1000 = 0.373$$
$$81 \div 10000 = 0.0081$$

Para dividir un número decimal entre 10, 100, 1000, 10,000 etc., se corre el punto decimal hacia la izquierda tantos lugares como ceros tenga el divisor.

Ejemplos:

$$94.2 \div 1000 = 0.0942$$
$$0.84 \div 10 = 0.084$$
$$57 \div 100 = 0.57$$

Para dividir un decimal entre un número natural terminado en ceros, se suprimen los ceros del divisor y se corre el punto decimal en el dividendo, tantos lugares a la izquierda como ceros se han tachado y después se efectúa la operación.

Ejemplo:

$$4072.3 \div 5600 =$$

$$\begin{array}{r} 0.727 \\ 56\cancel{00}\overline{)\ 40.72\cancel{.}3} \\ 152 \\ 403 \\ (11) \end{array}$$

CONVERSION DE DECIMALES A FRACCIONES COMUNES.

Para convertir un decimal en fracción común, se escribe como numerador la parte decimal sin el punto, y como denominador, la unidad seguida de tantos ceros como cifras tenga la parte decimal.

Después si es posible, se simplifica la fracción obtenida.

$$0.2 = \frac{2}{10} = \frac{1}{5}$$

$$.57 = \frac{57}{100}$$

$$1.25 = \frac{\overset{5}{\cancel{125}}}{\underset{4}{\cancel{100}}} = \frac{5}{4}$$

NOTA.- 1.25 = Un entero, 25 centésimos se convierte en 125 porque.
un entero son 100 centésimos más 25 centésimos, hacen 125.

CUADRADO Y CUBO.

CUADRADO.- El cuadrado de un número resulta de multiplicar ese número por sí mismo.

O sea, que cuando los dos factores de la multiplicación son iguales, se llama **cuadrado.**

Ejemplo: **3 x 3 = 9.**

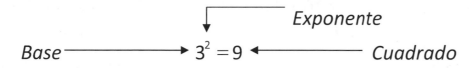

y se lee 3 al cuadrado, igual a 9, o también puede decirse: 3 elevado al cuadrado, igual a 9.

El número 3 se llama **BASE**, el 2 pequeño se llama **EXPONENTE** y el 9 es el **CUADRADO** de 3.

De modo que para escribir 5 elevado al cuadrado ó 5 se eleva al cuadrado, se escribe así:

$$5^2 = 25 \quad porque \; 5 \times 5 = 25$$

Otros ejemplos:**Sacar el cuadrado de**: 6^2, 2^2, 2.5^2 0.75^2, $\left(\dfrac{1}{3}\right)^2$ y $\left(\dfrac{4}{6}\right)^2$

$a)$ $6^2 = 6 \times 6 = 36$

$b)$ $2^2 = 2 \times 2 = 4$

$c)$ $2.5^2 = 2.5 \times 2.5 = 6.25$

$d)$ $0.75^2 = 0.75 \times 0.75 = 0.5625$

$e)$ $\left(\dfrac{1}{3}\right)^2 = \dfrac{1}{3} \times \dfrac{1}{3} = \dfrac{1}{9}$

$f)$ $\left(\dfrac{4}{6}\right)^2 = \dfrac{4}{6} \times \dfrac{4}{6} = \dfrac{16}{36}$

CUBO.- El cubo de un número resulta de multiplicar 3 veces dicho número. Es decir, que cuando son 3 los factores iguales, el resultado se llama **cubo.**

Ejemplo: **el cubo de 2 es 2 x 2 x 2 = 8**

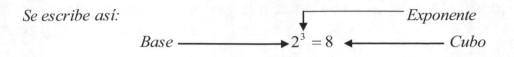

Se escribe así:

Base $\longrightarrow 2^3 = 8 \longleftarrow$ *Cubo*

Exponente

Y se lee 2 al cubo, igual a 8 o también puede decirse 2 elevado al cubo, igual a 8.

El número dos se llama base, el 3 pequeño se llama exponente y el 8 es el cubo de 2.

Otro ejemplo: **Calcula el cubo de:**

$$3^3 = 27 \quad porque \ 3 \times 3 \times 3 = 27$$

Sacar el cubo de: $4^3, 7^3, \left(\dfrac{1}{2}\right)^3, \left(\dfrac{2}{5}\right)^3, 2.3^3$ y 0.3^3

$a)\ 4^3 = 4 \times 4 \times 4 = 64$

$b)\ 7^3 = 7 \times 7 \times 7 = 343$

$c)\ \left(\dfrac{1}{2}\right)^3 = \dfrac{1}{2} \times \dfrac{1}{2} \times \dfrac{1}{2} = \dfrac{1}{8}$

$d)\ \left(\dfrac{2}{5}\right)^3 = \dfrac{2}{5} \times \dfrac{2}{5} \times \dfrac{2}{5} = \dfrac{8}{125}$

$e)\ 2.3^3 = 2.3 \times 2.3 \times 2.3 = 12.167$

$f)\ 0.3^3 = 0.3 \times 0.3 \times 0.3 = 0.027$

SISTEMA METRICO DECIMAL-

Antecedentes y definición.- Desde tiempos muy remotos el hombre ha tenido necesidad de medir, tanto para resolver sus problemas personales, como comerciales, sociales y de toda índole.

Estableció que para poder medir, tenía que haber una unidad de medida.

De esta manera, se usaron las más diversas formas imaginadas en esos tiempos, como unidad de medida, como por ejemplo, partes de su cuerpo como el pie, el codo, el dedo, el palmo (que es la mano extendida del pulgar al meñique); la vara que es igual a 4 palmos; el paso, la milla marina, que equivale a mil pasos y la legua que equivale a 20,000 pies y en México equivale a 4,190 metros.

Estas medidas, como puede deducirse, variaban según las personas, dando como resultado que las relaciones comerciales y demás, se vieran en dificultades con frecuencia.

En 1790, el gobierno de Francia ordenó a la Academia de Ciencias de París, que propusieran un sistema de unidades de medidas que fuera fijo, uniforme y sencillo, el cual pudiera ser adoptado por todos los países.

Esta comisión propuso que la unidad primera de la cual se podrían derivar las demás, fuera la de longitud y que se tomara del meridiano terrestre, y que el sistema de medidas fuera decimal o sea, basado en el 10. De este modo se creó el **Sistema Métrico Decimal.**

Se midió el arco del meridiano terrestre comprendido entre Dunkerke (Francia) y Barcelona (España) y se calculó después la longitud del cuadrante (la cuarta parte) del meridiano terrestre.

Esta parte fue dividida en 10'000,000 de partes iguales, y se dio a una de estas partes el nombre de **METRO.**

De modo que el metro resulto ser la diezmillonésima parte del cuadrante del meridiano terrestre que pasa por París.

Se aceptó el metro como unidad de longitud y se construyó un modelo con una aleación de 90% de platino y 10% de iridio que se encuentra en la **Oficina Internacional de Pesas y Medidas** en París. Después se hicieron copias para todas las naciones que adoptaron este sistema.

Más adelante se hicieron nuevas mediciones del cuadrante del meridiano terrestre que revelaron que la medición anterior, no era exacta. Pero se convino que la barra de platino e iridio construida primero fuese por definición: el **METRO PATRON UNIVERSAL.**

Desde entonces, el metro quedó definido como: **la distancia, a una temperatura de 0° C, entre dos trazos hechos en una barra de platino iridiado**, que se encuentra en la Oficina Internacional de Pesas y Medidas en París.

DEFINICION

Sistema Métrico Decimal.- Es el sistema de pesas y medidas que tiene como base el metro.

El sistema métrico decimal esta compuesto por las:

- ♣ **Medidas de longitud**
- ♣ **Medidas de capacidad**
- ♣ **Medidas de peso**
- ♣ **Medidas de superficie y**
- ♣ **Medidas de volumen**

MEDIDAS DE LONGITUD

La unidad de las medidas de longitud es el **METRO**

    Las medidas mayores que el metro son sus **MULTIPLOS** y las que son menores son sus **SUBMULTIPLOS**.
Cada uno de ellos, múltiplos y submúltiplos, tiene un lugar en la escritura y aumentan y disminuyen de 10 en 10.

Los múltiplos son:

Nombre	Símbolo	Equivalencia
Miriámetro	mam	10,000 m = 10 Km
Kilómetro	km.	1,000 m = 10 hm
Hectómetro	hm	100 m = 10 dam
Decámetro	dam	10 m
Metro (la unidad)	m	10 dm 100 cm 1000 mm

Los submúltiplos son:

Nombre	Símbolo	Equivalencia
Decímetro	dm	0.1 m = 10 cm.
Centímetro	cm	0.01 m = 10 mm
Milímetro	mm	0.001 m

ORDEN DE LAS MEDIDAS

9	2,	3	4	3.	1	7	8	m.
Miriámetros	Kilómetros	Hectómetros	Decámetros	Metros	Decímetros	Centímetros	Milímetros	

Se lee: 92,343 metros, 178 milímetros.

Ejemplos: **¿Como se lee...?**

$$13.008 \text{ Km.} = 13 \text{ Kilómetros, 8 metros.}$$
$$7.012 \text{ m} = 7 \text{ metros, 12 milímetros.}$$
$$5.37 \text{ dm} = 5 \text{ decímetros, 37 milímetros}$$
$$9.044 \text{ dam} = 9 \text{ decámetros, 44 centímetros}$$

Como puede verse los números que están a la izquierda del punto, corresponden al símbolo escrito al final (13 kilómetros. Ejemplo No. 1) y los números de la derecha del punto, reciben el nombre de la ultima cifra, que le corresponde según el orden de medidas. (8 metros, en el mismo ejemplo), por que 13 kilómetros, cero hectómetros, cero decámetros y 8 metros.

Convertir una medida en otra que se indique.

$$5 \, dam \, a \, dm = 500 \, dm$$
$$8.9 \, dm \, a \, dam = 0.089 \, dam$$
$$6.7 \, hm \, a \, cm = 67,000 \, cm$$
$$943 \, cm \, a \, dam = .943 \, dam$$

Para convertir una medida en otra menor, basta correr el punto a la derecha tantos lugares **como indica el orden de medidas**. Ejemplo No. 1, para convertir decámetros a decímetros se corre el punto 2 lugares a la derecha.

Para convertir una medida en otra mayor, basta correr el punto a la izquierda tantos lugares **como indica el orden de medidas**. Ejemplo No. 2., para convertir decímetros a decámetros, se corre el punto 2 lugares a la izquierda.

MEDIDAS DE CAPACIDAD

La unidad de las medidas de capacidad es el **LITRO**.

Cada uno de ellos, **MULTIPLOS** y **SUBMULTIPLOS**, tiene un lugar en la escritura y aumentan y disminuyen de 10 en 10.

Los múltiplos son

Nombre	Símbolo	Equivalencia
Mirialitro	mal	10,000 l = 10 kl.
Kilolitro	kl	1,000 l =10 hl
Hectolitro	hl	100 l = 10 dal
Decalitro	dal	10 l
Litro (unidad)	l	10 dl = 100 cl =1,000 ml

Los submúltiplos son:

Nombre	Símbolo	Equivalencia
Decilitro	dl =	0.1 l = 10 cl
Centilitro	cl =	0.01 l =10 ml
Mililitro	ml =	0.001 l

ORDEN DE MEDIDAS

2	4,	5	7	3.	9	1	6	L
llMirialitro	Kilolitro	Hectolitro	Decalitro	Litro	Decilitro	Centilitro	Mililitro	

Se lee: 24, 573 litros, 916 mililitros.

Ejemplos: **¿Cómo se lee... ?**

1.- 14.05 l = **14 litros, 5 centilitros**.
2.- 205.16 hl = **205 hectolitros, 16 litros**.
3.- 9.018 dal = **9 decalitros, 18 centilitros**.

MEDIDAS DE PESO

La unidad de las medidas de peso es el **GRAMO**.

Las medidas de peso aumentan y disminuyen de 10 en 10 y cada una ocupa un lugar en la escritura.

Los múltiplos son:

Nombre	Símbolo	Equivalencia
Tonelada Métrica	tm	1,000 kg = 10 qm
Quintal Métrico	qm	100 kg
Miriagramo	mag	10,000 g = 10 kg
Kilogramo	kg	1,000 g = 10 hg
Hectogramo	hg	100 g = 10 dg
Decagramo	dag	10 g
Gramo (unidad)	g	10 dg = 100 cg = 1,000 mg

Los submútiplos son:

Nombre	Símbolo	Equivalencia
Decigramo	dg	0.1 g = 10 cg
Centigramo	cg	0.01 g = 10 mg
Miligramo	mg	0.001 g

ORDEN DE MEDIDAS

9	3	2	0.	5	7	8	0	3	1	Kg
Tonelada Métrica	Quintal Métrico	Miriagramo	Kilogramo	Hectogramo	Decagramo	Gramo	Decigramo	Centigramo	Miligramo	

Se lee: 9,320 Kilogramos, 578,031 miligramos.

Ejemplos: **¿Cómo se leen?**

1.- 84.75 dag = **84 decagramos, 75 decigramos.**
2.- 14.62 g   = **14 gramos, 62 centigramos**.
3.- 215.6 Kg   = **215 Kilogramos, 6 hectogramos**.

Ejemplos: **Convertir a la unidad indicada**:

1.- 5 g a mg   = **5000 mg.**
2.- 206 hg a dg = **206000 dg.**
3.- 4.3 g a cg   = **430 cg.**
4.- 9.03 Kg a g = **9030 g.**

Ejemplos: **¿Cómo se escribe?**

1.- 5 Kilogramos, 4 decagramos.   = **5.04 Kg**
2.- 8 decagramos, 9 centigramos   = **8.009 dag**.
3.- 10 hectogramos, 25 miligramos = **10.00025 hg.**

MEDIDAS DE SUPERFICIE

La unidad de las medidas de superficie es el metro cuadrado $= m^2$

Estas medidas ocupan dos lugares en la escritura y aumentan y disminuyen de 100 en 100.

Los múltiplos son:

Nombre	Símbolo	Equivalencia
Miriámetro cuadrado	mam^2	$100'000,000\ m^2 = 100\ km^2$
Kilometro cuadrado	km^2	$1'000,000\ m^2 = 100\ hm^2$
Hectómetro cuadrado	hm^2	$10,000\ m^2 = 100\ dam^2$
Decámetro cuadrado	dam^2	$100\ m^2$
Metro cuadrado (unidad)	m^2	$100\ dam^2 = 10,000\ cm^2 = 1'000,000\ mm^2$

Los submúltiplos son:

Nombre	Símbolo	Equivalencia
Decímetro cuadrado	dm2	$100\ cm^2 = 0.01\ m^2$
Centímetro cuadrado	cm2	$100\ mm^2 = 0.0001\ m^2$
Milímetro cuadrado	mm2	$0.000001\ m^2$

ORDEN DE UNIDADES

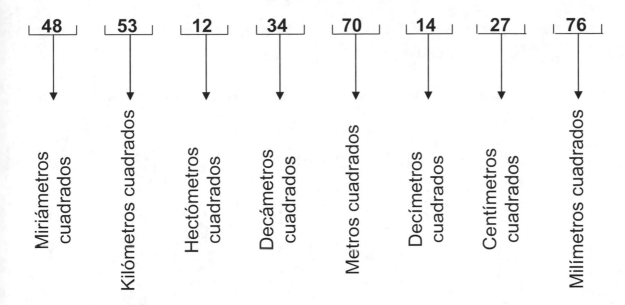

| 48 | 53 | 12 | 34 | 70 | 14 | 27 | 76 |

Miriámetros cuadrados · Kilómetros cuadrados · Hectómetros cuadrados · Decámetros cuadrados · Metros cuadrados · Decímetros cuadrados · Centímetros cuadrados · Milímetros cuadrados

Ejemplos: **¿Cómo se leen?**

1.- 2.0312 Km^2 = **Dos Kilómetros cuadrados, trescientos doce decámetros cuadrados.**

2.- 507 m^2 = **Quinientos siete metros cuadrados.**

3.- 32 .0135 dm^2 = **Treinta y dos decímetros cuadrados, ciento treinta y cinco milímetros cuadrados**

4.- 3.14 hm^2 = **Tres hectómetros cuadrados, catorce decámetros cuadrados.**

Ejemplos: **¿Cómo se escriben?**

1.- 3 dam^2, 11 dm^2 = **3.0011 dam^2**

2.- 3 hm^2, 5 dam y 325 m^2 = **3.5325 hm^2**

3.- 8 km^2, 9 hm^2 = **8.09 km^2**

Ejemplos: **Convertir a la unidad indicada**:

1.- 8.2 m^2 a mm^2 = **8 20 00 00 mm^2**

2.- 27 km^2 a m^2 = **27 00 00 00 m^2**

3.- 07.93 dam^2 a km^2 = **0.000793 km^2**

UNIDADES AGRARIAS

Para medir la superficie de terrenos grandes se usan las llamadas **UNIDADES AGRARIAS** que equivalen como sigue:

Estas medidas de superficie, aumentan y disminuyen de 100 en 100 y ocupan dos lugares en la escritura.

Unidades Agrarias

Nombre	Símbolo	Equivalencia
Hectárea	ha	$10,000 \ m^2 = 1 \ hm^2 = 100 \ a$
Area	a	$100 \ m^2 = 1 \ dam^2 = 100 \ ca$
Centiárea	ca	$1 \ m^2$

Ejemplos:

1.- 5 hectáreas, 21 centiáreas = **5.0021 ha**
2.- 804 áreas, 52 centiáreas = **804.52 a**
3.- 5 hectáreas, ochocientas veinticinco centiáreas = **5.0825 ha**

MEDIDAS DE VOLUMEN

La unidad de las medidas de volumen es el **METRO CUBICO** $= m^3$.

Estas medidas aumentan y disminuyen de 1000 en 1000 y ocupan 3 lugares en la escritura.

En estas medidas **NO** se usan los **MULTIPLOS**; y los **SUBMULTIPLOS** son:

Nombre	Símbolo	Equivalencia
Decímetro cúbico	dm^3	$0.001\ m^3 = 1000\ cm^3 =$ $1'000.000\ mm^3$
Centímetro cúbico	cm^3	$0.001\ dm^3 = 1,000\ mm^3$
Milímetro cúbico	mm^3	$0.001\ cm^3$
Metro cúbico (unidad)	m^3	$1,000\ dm^3 = 1'000,000\ c$ $m^3 = 1,000'000,000\ m\ m^3$

Ejemplo: **¿Cómo se lee?**

1.- $145\ m^3$ = **Ciento cuarenta y cinco metros cúbicos.**
2.- $0.372\ dm^3$ = **Trescientos setenta y dos centímetros cúbicos.**
3.- $4.183\ m^3$ = **Cuatro metros cúbicos, ciento ochenta y tres decímetros cúbicos.**

Ejemplo: **¿Cómo se escribe?**

1.- 3 metros cúbicos, 5 decímetros cúbicos   = **$3.005\ m^3$**
2.- 8 metros cúbicos, 23 decímetros cúbicos   = **$8.023\ m^3$**
3.- 40 decímetros cúbicos, 72 centímetros cúbicos = **$40.072\ dm^3$**

Ejemplos: **Convertir a la unidad indicada**:

1.- $3\ m^3$ a dm^3 = **$3000\ dm^3$**
2.- $1.8\ cm^3$ a mm^3 = **$1800\ mm^3$**
3.- $8.7\ dm^3$ a cm^3 = **$8700\ cm^3$**

MEDIDAS ANTIGUAS QUE SE UTILIZAN EN MEXICO Y OTROS PAISES

MEDIDAS DE LONGITUD

Vara = 0.84 m
Legua = 4,200 m = 5000 varas

MEDIDAS DE PESO

Arroba = 11.5 kg = 25 libras
Libra = 460 g = 16 onzas
Onza = 28.7 g = $\frac{1}{6}$ libra

MEDIDAS DE SUPERFICIE

Fanega = 356.63 áreas
Mecate = 20 m^2

SISTEMA MONETARIO

El Sistema Monetario Mexicano tiene como unidad monetaria fundamental el **PESO** y se escribe así $1.$^{00} y circula en moneda metálica.

Un peso contiene 100 centavos por lo cual el centavo es la centésima parte del peso.

Por tanto 1 peso contiene 5 monedas de .20 ¢ porque
$$5 \times 20 = 100$$

Un peso contiene dos monedas de .50 ¢ porque $50 \times 2 = 100$.

También circulan monedas metálicas de $ 2.$^{00}, de $5.$^{00}, de $10.$^{00}, de $20.$^{00} y de $ 50.$^{00}

Asimismo circulan los **BILLETES** que también se llaman **PAPEL MONEDA**, de $10.$^{00}, de $ 20.$^{00}, de $50.$^{00}, de $ 100.$^{00}, de $ 200.$^{00} y de $ 500.$^{00}

Como el tipo de cambio es variable, es decir, que las monedas cambian de valor de un día para otro, para resolver problemas de conversión de monedas de diferentes países, es necesario saber el tipo de cambio del día, o sea, cuánto cuesta ese día.

Monedas Extranjeras

País	Nombre de la Moneda
Alemania	Marco alemán
Bélgica	Franco belga
Canadá	Dólar canadiense
España	Peseta
Estados Unidos	Dólar americano
Francia	Franco francés
Holanda	Florín
Inglaterra	Libra esterlina
Italia	Lira
Japón	Yen
Portugal	Escudo
Suecia	Corona
Suiza	Franco suizo

Rusia	Rublo
Unión europea	Euro

Y actualmente en la unión europea se utiliza el Euro, y su sigla es = €

CONVERSION DE MONEDAS

Para convertir la moneda extranjera en pesos mexicanos: se multiplica el número de monedas extranjeras por su valor en pesos mexicanos.

Ejemplo:

Convertir 25 dólares americanos a pesos mexicanos.
(Valor del dólar americano en pesos mexicanos: $ 7.80)

$$
\begin{array}{r}
7.80 \\
\times 25 \\
\hline
39\ 00 \\
156 \\
\hline
195.00
\end{array}
$$

R = 25 dólares amerianos
son $ 195.00

Para convertir pesos mexicanos a moneda extranjera: se divide el número de pesos mexicanos entre el valor de la moneda extranjera en pesos mexicanos.

Ejemplos:
Convertir $ 250,000.00 pesos mexicanos a dólares americanos.
(Valor del dólar americano $7.80 pesos mexicanos.)

```
                3205128
7.80 | 250000000
          160
          0400
           100
            220
            640
            (16)
```

R = 32,051 dólares con 28 centavos de dólar

Ejemplo: **Convertir $ 1,200.00 pesos mexicanos a pesetas**
(Valor de la peseta $ 0.25)

```
            4800
.25 | 1200.00          R = Son 4,800 pesetas.
      200
     (0000)
```

CALENDARIO O ALMANAQUE

El calendario es un conjunto de normas destinadas a la división del tiempo en periodos regulares.

Calendario es también un registro que contiene los días, meses y semanas del año, con indicaciones astronómicas, festividades religiosas y civiles, fases de la luna, etc.

Una de las formas de medir nuestro tiempo,es dividirlo en: años, meses,dias, horas,minutos, etc.

El día tiene 24 horas
¿Por qué?
Porque la Tierra tarde en dar una vuelta alrededor del Sol, 365 días y 6 horas aproximadamente.

El año se divide en 12 meses.
Estos meses son: Enero, Febrero, Marzo, Abril, Mayo, Junio, Julio, Agosto, Septiembre, Octubre, Noviembre y Diciembre.

Los meses tienen 30 o 31 días, con excepción de Febrero que tiene 28 días y cada 4 años tiene 29.
El año en que el mes de Febrero tiene 29 días se llama año bisiesto.
Vamos a ver esto:

El año de 1997 tuvo 365 días y   6   horas
El año de 1998 tuvo 365 días y   6   horas
El año de 1999 tuvo 365 días y   6   horas
El año   2000 tuvo 365 días y   <u>6</u>   horas
    La suma de las horas =   24   horas, es decir 1 día.

A Febrero se le agrega este día y por consiguiente tiene 29 días.
Por lo tanto el año 2000, resulta ser bisiesto.

Por esto, los años bisiestos son cada 4 alños. Los próximos años bisiestos serán el 2004, 2008, 2012, etc.

¿Cómo saber si un año es bisiesto?

Para saber si un año es bisiesto, se divide el número del año entre 4, si la división es exacta, entonces no es bisiesto.

Ejemplo: ¿ Será bisiesto el año 2024?

$$
\begin{array}{r}
506 \\
4{\overline{\smash{\big)}\,2024}} \\
024 \\
(\,0\,)
\end{array}
$$

R= Si será bisiesto porque la división es exacta.

¿ Fue bisiesto el año 1943 ?

$$
\begin{array}{r}
485 \\
4{\overline{\smash{\big)}\,1943}} \\
34 \\
23 \\
(\,3\,)
\end{array}
$$

R =No fue bisiesto porque la división es inexacta.(tuvo 3 como residuo).

¿Cómo saber cuáles meses tienen 30 días y cuales 31 si no tienes un calendario a la mano?

Nuestros antepasados inventaron una forma práctica para saber esto.

Cierra tu mano en un puño y observa que en medio de cada dos nudillos (huesitos), hay un espacio.

Cuenta los meses en orden, empezando con Enero en el primer nudillo, en el espacio queda Febrero, en el siguiente nudo queda Marzo y así sucesivamente.

Los meses que caen en los nudillos, tienen 31 días y los que caen en los espacios, tienen 30 días.

Observa que Julio es el último de la mano y al volver a empezar, quede Agosto en el primer lugar, así que Julio y Agosto tienen 31 días y se sigue con Septiembre, etc.

Observa el dibujo:

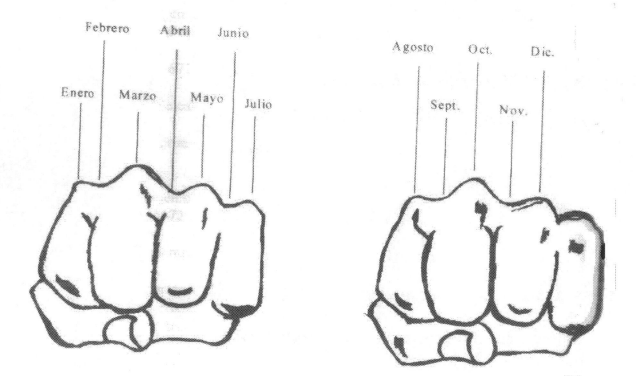

Los meses de 31 días son: Enero – Marzo – Mayo- Julio- Agosto – Octubre y Diciembre.

Los meses de 30 días son: Abril – Junio – Septiembre y Noviembre.

LOS SIGLOS
LA CUENTA DE LOS SIGLOS

Un siglo es un período de tiempo de 100 años
Comúnmente oímos decir o leemos:

La Revolución Francesa fue en el siglo XVII.
Sor Juana Inés de la Cruz nació en el siglo XVII.
La Edad Media comprende del siglo V   al XV.
El siglo XVIII se le conoce como el SIGLO DE LAS LUCES.

Pero como saber a qué siglo pertenece una fecha ?
Vamos a ver esto.

El año 1672 pertenece al siglo XVII.

¿ Por qué ? Se calcula de esta manera:

A las primeras 2 cifras de una fecha, se le suma 1 y ya tenemos la respuesta.

En el ejemplo, los primeros 2 dígitos forman el n{umerio 16 + 1 = 17. Por tanto, el año 1672 pertenece al siglo XVII.

Otros ejemplos:

1512 pertenece al siglo XVI porque 15 + 1 = 16
1836 pertenece al siglo XIX porque 18 + 1 = 19
1968 pertenece al siglo XX porque 19 + 1 = 20

En el caso de que la fecha en cuestión pertenezca a los primeros mil años de nuestra era, se toma solamente la primera cifra 1, y se obtiene la respuesta.

Ejemplos:

El año 325 pertenece al siglo iv porque 3 + 1 = 4
El año 658 pertenece al siglo VII porque 6 + 1 = 7
El año 143 pertenece al siglo II 1 + 1 = 2

Nota: NUESTRA ERA llamada también ERA CRISTIANA está marcada con el nacimiento de JESUSCRISTO.

Con esto se entiende que cuando Él nació, se empezaron a contar los años; y así se ha continuado hasta hoy.

De modo que cuando se habla de una fecha y se dice: En el año 1583 de nuestra era…se quiere decir que esta fecha es 1583 años des pués del nacimiento de JESUCRISTIO y se escribe así: 1583 D.C.(después de Cristo).

Asimismo, cuando se trata de una fecha que fue antes del naci miento de JESUCRISTO, se por ejemplo: en el año 427 antes de CRIS TO…y se escribe así: 427 A.C. (antes de CRISTO).

La fórmula que se dio con anterioridad, tiene como excepción los años en que se terminan los siglos, es decir, **no se aplica al año en que termina un siglo.**

Ejemplo:

El año 191 pertenece al siglo II que termina en el año 200.
El año 500 pertenece al siglo VI que termina en el año 600.
El año 1601 pertenece al siglo XVI que termina en el año 1700.

En el año 1801 comienza el siglo XIX.
En el año 1900 termina el siglo XIX – Es la excepción.
En el año 1501 comienza el siglo XVI
En el año 1600 termina el siglo XVI. – Es la excepción.
En el año 1901 comienza el siglo XX
En el año 2000 termina el siglo XX – Es la excepción

El año 2000 es el último año del siglo XX y el último año del segundo milenio de nuestra era y se considera del principio al término del mismo, es decir, del 1º. de Enero al 31 de Diciembre del año 2000.

Con esto se entiende que el siglo XXI empieza el 1º. de Enero del año 2001 y, en esta misma fecha comienza el 3er. Milenio.

LA TEMPERATURA

MEDICION

La temperatura es el calor del cuerpo humano o de los animales, de la atmósfera, de objetos, etc.

La temperatura se mide por medio de **grados** que se obtienen utilizando un **termómetro**.

Estos grados se llaman Centígrados o Celsius.

En los países de habla inglesa se usan los grados Fahrenheit para-medir la temperatura.

Existe un termómetro para medir los grados Centígrados, que se expresan así - ^{o}C- y otro para medir los grados Fahrenheit, que se expresan así – ^{o}F - .

CONVERSIÓN

Conversión de grados Centígrados Fahrenheit.

Partimos de que 0°C equivale a 32°F

.

Para convertir grados Centígrados a Fahrenheit, se aplica la siguiente fórmula:

Centígrados a Fahrenheit= $\dfrac{GradosCx9}{5}$ + 32°

Se lee: Grados Centígrados por 9, dividido entre 5 y al resultado se le suman 32° .

Ejemplo. Calcula a qué temperatura en grados F se encuentra nuestra ciudad, si estamos a 37º C.

C a   F = $\dfrac{37x9}{5}$ + 32 = $\dfrac{333}{5}$ + 32 = 98º F

R = La temperatura de nuestra ciudad es de 98ºF

CONVERSIÓN DE GRADOS FAHRENHEIT A CENTIGRADOS

Para convertir grados Fahrenheit a Centígrados, se aplica la siguiente fórmula:

Fahrenheit a Centígrados = $\dfrac{\text{Grados F} - 32° \text{ x } 5\text{-}}{9}$

Se lee: Grados Fahrenheit menos 32º , multiplicado por 5 y el resultado se divide entre 9.

Se calcula

F a C = $\dfrac{100}{9}$ - $\dfrac{32x5}{9}$ = $\dfrac{340}{9}$ = 37º C.

R = La temperatura de nuestra ciudad es de 37º C.

NÚMEROS DENOMINADOS

Se llaman denominados los números que en la serie de sus valores **NO** siguen el orden decimal.

Los más usuales son los que se expresan a continuación y son:

MEDIDAS DE TIEMPO Y MEDIDAS DE ÁNGULOS.

Las medidas de tiempo son:

Milenio	=	1,000 años
Siglo	=	100 años
Decenio o Década	=	10 años
Lustro	=	5 años
Año	=	12 meses = 365 días = 52 semanas
Mes Comercial	=	30 días = 4 semanas
Semana	=	7 días
Día	=	24 horas
Hora	=	60 minutos
Minuto	=	60 segundas
Segundo		

Los símbolos más usuales son:

Hora	=	h.
Horas	=	hs.
Minutos	=	min.
Segundos	=	seg.

Las medidas de los ángulos son:

Una vuelta o giro completo	=	360 grados
1 grado	=	60 minutos
1 minuto	=	60 segundos

Los grados se expresan por medio de un cero pequeño que se coloca a la derecha y arriba del número; los minutos, con un apóstrofo y los segundos con dos apóstrofos.

Ejemplo: **Treinta y seis grados, quince minutos y dos segundos, se escribe:**
36° 15' 2''

CONVERSION DE NÚMEROS DENOMINADOS

1.- Convertir 3 años, 5 meses y 8 días a días.

$$\begin{array}{r} 365 \text{ días} \\ \times \ 3 \text{ años} \\ \hline = 1{,}095 \text{ días} \end{array} \qquad \begin{array}{r} 30 \ \textit{días} \\ \times \ 5 \ \text{meses} \\ \hline = 150 \ \textit{días} \end{array} \qquad \begin{array}{r} 1{,}095 \\ 150 \\ + \ \ 8 \\ \hline = 1253 \end{array}$$

Respuesta = 1253 días

2.- Convertir 5 meses, 8 días y 20 horas a horas.

$$5 \times 30 = 150 \ \textit{días} \qquad \begin{array}{r} 150 \\ \times 24 \\ \hline 60 \\ 30 \\ \hline = 3{,}600 \end{array} \qquad \begin{array}{r} 24 \\ \times 8 \\ \hline = 192 \end{array} \qquad \begin{array}{r} 3{,}600 \\ 192 \\ + \ \ 20 \\ \hline = 3{,}812 \end{array}$$

Respuesta = 3,812 horas

3.- Convertir 35° , 12' a minutos

$$\begin{array}{r} 35 \\ \times \ \ 60 \\ \hline = \ 2100 \end{array} \qquad \begin{array}{r} 2{,}100 \\ + \ 12 \\ \hline = 2{,}112 \end{array}$$

$$R = 2{,}112 \ \textit{minutos}$$

SUMA DE NÚMEROS DENOMINADOS

La adición se comienza a la derecha.

	1	1	1		
	4 *años*	8 *meses*	14 *días*	y	15 *horas*
+	3 *años*	10 *meses*	20 *días*	y	18 *horas*
	8 *años*	19 *meses*	35 *días*		33 *horas*
1 *lustro*	3 *años*	7 *meses*	5 *días*		9 *horas*

Procedimiento: 15 +18 = 33 horas.

24 horas se convierten en un día, y se escribe en la columna de días. Quedan 9 horas que se anotan en la columna de horas. 33 – 24 = 9 horas.

Al sumar la columna de días se obtienen 35 días. Se convierten 30 días de ellos en un mes que se escribe en la columna de meses y quedan 5 días, que se anotarán en la columna de días. 35 – 30 = 5 días.

La suma de los meses da 19; se escriben 7 y se agrega un año a la columna de años. La suma de los años es 8, por tanto, se anotan 3 años y 1 lustro. 19 – 12 = 7 meses y 8 años menos un lustro o sea menos 5 años, da 1 lustro y 3 años.

NOTA: Como se vió, con los números denominados, las operaciones se hacen por separado, las medidas iguales una a una y de derecha a izquierda y después cada resultado se convierte a la unidad que sigue en el orden y se agrega la o las unidades que resulten.

Otro ejemplo:

	6	2		
	9 *decenio*	4 *lustros*	6 *años*	8 *meses*
+	5 *decenio*	7 *lustros*	8 *años*	2 *meses*
	20 *decenio*	13 *lustros*	14 *años*	10 *meses*
= 2 *siglos*	0 *decenio*	1 *lustro*	4 *años*	10 *meses*

RESTA DE NÚMEROS DENOMINADOS

Restar 4 años, 3 meses, 12 días y 13 horas menos 2 años, 4 meses 15 días y 14 horas

	3	14	41	37
	4 años	3 meses	12 días	13 horas
−	2 años	4 meses	15 días	14 horas
=	1 año	10 meses	26 días	23 horas

Procedimiento:

La sustracción se comienza por la derecha. Como el número de horas del minuendo es menor que el del sustraendo, se le añaden 24 horas, para lo cual se toma un día del minuendo de la columna de días (12). De este modo se obtiene 13 + 24 = 37 horas, que se escribe arriba de la columna de horas, sobre una raya que se traza sobre el minuendo.

Se restan de 37 las 14 horas del sustraendo y quedan 23 horas, resultado que se escribe debajo de la raya de la operación.

A los 11 días que quedan en el minuendo de la columna de días, se le suman 30 días, o sea, un mes de la columna de meses y resulta 11 + 30 = 41 días que se escriben sobre la raya y se le restan los 15 días.

A los dos meses que quedaron en el minuendo, se le suman 12 meses, para lo cual se toma un año de los 4 que aparecen en el minuendo de años. A la suma de 2 + 12 = 14 se le restan los 4 meses y resultan 10 meses.

De los 3 años que quedaron en el minuendo, se restan 2, y el resultado es 1 año.

Otro ejemplo: **Restar 32° 20' menos 15° 30'**

	31°	80'
	32°	20'
−	15°	30'
	16°	50'

Procedimiento:

Como no pueden restarse 30' de 20', se toma 1° que equivale a 60'. Se suman con los 20 del minuendo, 20 + 60 = 80', se traza una raya encima de la resta y se escriben los 80'. Luego se le restan los 30' y se obtienen 50'.

De los 31° que quedaron, se restan 15° y da 16°.

DIVISION DE NÚMEROS DENOMINADOS.

El caso más usual de división de números denominados se presenta en los problemas en los que interviene el tiempo. (Observar el ejemplo)

1.- Un obrero trabajó 59 horas en 8 días. ¿ Cuál fué el promedio de horas de trabajo por día?

$$
\begin{array}{r}
7\ horas \qquad\quad 22\ minutos \qquad 30\ segundos \\
\hline
8\ \big|\ 59\ horas \\
3\ horas \times 60\ minutos = 180\ minutos \\
20 \\
4\ minutos \times 60 = 240\ segundos \\
(00)
\end{array}
$$

Respuesta: Trabajó 7 horas, 22 minutos y 30 segundos

El residuo, 3 horas, se multiplica por 60 minutos y se continúa la división, o sea, 180 ÷ 8. El nuevo residuo, 4 minutos, se multiplica por 60 segundos y se vuelve a dividir. (240 ÷ 8).

En la división de números denominados no debe aproximarse como si se tratara de decimales.

Otro ejemplo:

$$
\begin{array}{r}
10\ días \qquad 20 horas \\
\hline
6\ \big|\ 65\ días \\
05 \times 24 = 120\ horas \\
(00)
\end{array}
$$

MULTIPLICACION DE NÚMEROS DENOMINADOS

46 días	7 horas	21 minutos
	×	4

184 días	28 horas	84 minutos
+ 1 día	+ 1 hora	− 60 minutos
185 días	29 horas	24 minutos
− 180 días	− 24 horas	
= 6 meses 005 días	5 horas	

Respuesta = 6 meses - 5 días   5 horas y 24 minutos

En la multiplicación, se multiplican las unidades por separado, de derecha a izquierda (minutos, horas, días, etc.)y después cada resultado, si es posible, se convierte a la unidad que sigue en el orden y se suma.

En el ejemplo, 21 minutos x 4 = 84 minutos. En 84 hay 1 hora y 24 minutos.

De modo que a 84 se le restan 60 minutos (1 hora) y quedan 24 minutos.

Se suma esta hora a las 28 horas (de la columna de horas) y da 29 horas. En 29 horas hay 1 día (24 horas) y quedan 5 horas.

Se restan las 24 horas a las 29 y quedan 5 horas.

Se suma 1 día a los 184 días de la columna de días y da 185 días.

Se dividen los 185 entre 30 para sacar los meses quedando 6 meses, que son 180 días, que se restan a los 185 días y sobran 5 días.

Otro ejemplo: multiplicar 78 años, 27 meses y 46 días por 8

$$78 \text{ años} \quad 27 \text{ meses} \quad 46 \text{ días}$$
$$X \quad \quad 8$$

$$\begin{array}{lll} 624 \text{ años} & 216 \text{ meses} & 368 \text{ días} \\ +19 & +12 & -360 \text{ días} = 12 \text{ meses} \\ \hline 643 & 228 & 8 \text{ días} \\ & -228 \text{ meses} & = \mathbf{19} \text{ años} \\ \hline & (000) \text{ meses} & 228 \div 12 = 19 \text{ años} \end{array}$$

Respuesta = 643 años - 0 meses y 8 días

RAIZ CUADRADA

Se llama **RAIZ** cuadrada a la operación inversa de elevar un número al cuadrado.

Extraer la raíz cuadrada de un número consiste en hallar otro número que, elevado al cuadrado, dé el número objeto de la operación.

La raíz cuadrada se indica por el signo $\sqrt{}$ llamado signo radical, que se lee: **raíz cuadrada de ...**

El número escrito debajo del signo radical recibe el nombre de **RADICANDO** o **SUBRADICAL**.

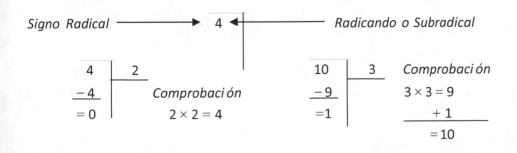

Signo Radical ⟶ 4 ⟵ Radicando o Subradical

$$\begin{array}{c|c} 4 & 2 \\ -4 & \text{Comprobación} \\ \hline =0 & 2 \times 2 = 4 \end{array} \qquad \begin{array}{c|c} 10 & 3 \\ -9 & \text{Comprobación} \\ \hline =1 & 3 \times 3 = 9 \\ & +1 \\ \hline & =10 \end{array}$$

Otro ejemplo: Extraer la raíz cuadrada de 144

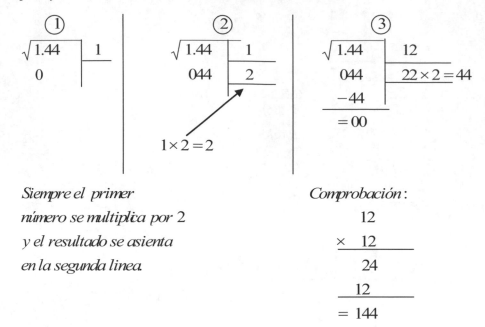

Siempre el primer
número se multiplica por 2
y el resultado se asienta
en la segunda linea.

Comprobación:
$$\begin{array}{r} 12 \\ \times \quad 12 \\ \hline 24 \\ 12 \\ \hline = 144 \end{array}$$

1.- El radicando se separa de 2 en 2 cifras, de derecha a izquierda. Por tanto, se separa el 44 y queda el 1.

La raíz cuadrada de 1 es 1. Se continùa la operación así:

1 x 1 = 1 para 1 = 0

2.- Este número se multiplica siempre por 2 y queda así: 1 x 2 = 2. Este 2 se asienta sobre la segunda línea.

3.- A este número se le agrega otro, que multiplicado por el que resulte, dará el número que se encuentra dentro del signo radical: 44. De modo que agregamos otro 2 y forma el 22 x 2 = 44.

Entonces 44 se le resta a 44 y da cero. Entonces se sube el 2 a la primera línea y da 12. Así, la raíz cuadrada de 144 es 12.

Para comprobar si esta operación es correcta, se multiplica la raíz cuadrada por sí misma o sea: 12 x 12 = 144.

Otro ejemplo: **Buscar la raíz cuadrada de 625**

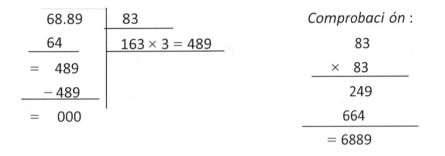

```
6.25  | 25
 -4   | 45 × 5 = 225
 225
-225
 000
```

Comprobaci ón :

```
      25
  ×   25
     125
     50
  = 625
```

Respuesta : *La raíz cuadrada de* 625 *es* 25

Ejemplo: **¿Cuál es la raíz cuadrada de 6,889?**

```
68.89  | 83
  64   | 163 × 3 = 489
=  489
 − 489
=  000
```

Comprobaci ón :

```
      83
  ×   83
     249
     664
  = 6889
```

Respuesta : *La raíz cuadrada de* 6889 *es* 83.

Calcula la raíz cuadrada de 204 304

Comprobación

452 x 452 = 204304

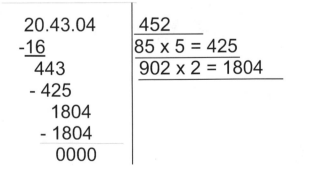

```
20.43.04  | 452
  -16     | 85 x 5 = 425
   443    | 902 x 2 = 1804
  - 425
    1804
  - 1804
    0000
```

Respuesta: La raíz cuadrada de 204304 es 452.

RAZONES Y PROPORCIONES

La comparación por cociente de dos números se llama **RAZON**.

Si comparamos 8 y 4, tenemos una razón que se escribe, $\underline{8}$ o bien 8 : 4   y se lee:8 es a 4 .   4.

La igualdad de 2 razones recibe el nombre de **PROPORCION**.

La razón $\underline{8}$ da como resultado **2**.
4

La razón $\underline{6}$ da como resultado **2.**
3

Entonces como ambas razones son iguales, se puede escribir la proporción $\underline{8}$ = $\underline{6}$ o bien, 8 : 4 = 6 : 3 que se lee: 8 es a 4 como 6 es a 3
4
3

Los números 8**,** 4, 6 y 3 se llaman **TERMINOS DE LA PROPORCIÓN**.

El primero y el cuarto, o sea, 8 y 3 reciben el nombre de **EXTREMOS** y el segundo y el tercero, o sea, 4 y 6, se llaman **MEDIOS**.

Las proporciones que tienen sus extremos o sus medios iguales, reciben el nombre de **PROPORCIONES CONTINUAS**.

Ejemplo:
$$\frac{12}{6} = \frac{6}{3} \qquad y \qquad \frac{10}{4} = \frac{25}{10} \qquad porque:$$

$$12 : 6 = 6 : 3 \qquad\qquad 10 : 4 = 25 : 10$$

Medios Iguales   *Extremos Iguales*

PROPIEDAD FUNDAMENTAL

En toda proporción el producto de los extremos es igual al producto de los medios.

Ejemplo:

$$\frac{3}{4} = \frac{6}{8} \qquad 3 \times 8 = 24 \; = \; 4 \times 6 = 24$$

$$\frac{5}{3} = \frac{15}{9} \qquad 5 \times 9 = 45 \; = \; 3 \times 15 = 45$$

Un extremo es igual al producto de los medios dividido entre el otro extremo.

Ejemplo: X, 2, 12, 8

$$\frac{X}{2} = \frac{12}{8} \qquad X : 2 = 12 : 8$$

$$X = \frac{12 \times 2}{8} = 3$$

$$\frac{3}{2} = \frac{12}{8} \qquad \textit{Es la respuesta.}$$

Un medio es igual al producto de los extremos, dividido entre el otro medio.

Ejemplo: 4: X = 8:10

$$\frac{4}{X} = \frac{8}{10} \qquad\qquad 4 : X = 8 : 10$$

$$X = \frac{4 \times 10}{8} = 5$$

$$\frac{4}{5} = \frac{8}{10} \longleftarrow\ \textit{Es la respuesta.}$$

O bien   4 : 5   = 8 : 10

TANTO POR CIENTO

El por ciento de un número se indica con el símbolo % que se lee por ciento.

Para calcular el tanto por ciento de un número, se multiplica el número por el tanto y se divide entre 100.

Ejemplo:

$$\textit{Calcular el } 15\% \textit{ de } 400 = \frac{400 \times 15}{100} = 60$$

$$R = \textit{El } 15\% \textit{ de } 400 \textit{ es } 60.$$

Otro ejemplo: **Calcular el 30% de 180:**

$$= \frac{180 \times 30}{100} = \frac{5{,}400}{100} = 54$$

$$R = \textit{El } 30\ \% \textit{ de } 180 \textit{ es } 54.$$

Para expresar un tanto por ciento en forma decimal, basta dividir el número entre 100 y dar forma decimal al resultado.

Ejemplos: **Expresa 25 % y 50 %**

$$25\% = \frac{25}{100} = 0.25 \qquad\qquad 50\% = \frac{50}{100} = 0.50$$

Ejemplo: **Expresa en forma decimal 2%, 7.5% y 350%**

1.- $2\% = \dfrac{2}{100} = 0.02$

2.- $350\% = \dfrac{350}{100} = 3.5$

3.- $7.5\% = \dfrac{7.5}{100} = 0.075$

El tanto por ciento de un número se puede calcular también multiplicando el número por el tanto por ciento **expresado en forma decimal.**

Ejemplos:

$Sacar\ el\ 15\%\ de\ 600 = 0.15 \times 600 = 90$

$Sacar\ el\ \ 5\%\ de\ 300 = 0.05 \times 300 = 15$

$Sacar\ el\ 8\%\ de\ 425\ = 0.08 \times 425 = 34$

Para expresar **el tanto por ciento en forma de fracción común**, basta transformarlo en una fracción cuyo denominador es 100 y simplificar después si es posible.

Ejemplos:

$$20\% = \frac{\overset{1}{\cancel{20}}}{\underset{5}{\cancel{100}}} = \frac{1}{5} \qquad 50\% = \frac{\overset{1}{\cancel{50}}}{\underset{2}{\cancel{100}}} = \frac{1}{2} \qquad 83\% = \frac{83}{100}$$

Para calcular el tanto por ciento que representa un número decimal, basta determinar cuántos centésimos tiene y ponerle a estos el signo de %.
Ejemplos:

$$0.04 = \frac{4}{100} = 4\,\%$$

$$0.25 = \frac{25}{100} = 25\,\%$$

$$0.675 = \frac{675}{100} = 67.5\,\%$$ (Porque 0.675 milésimos tiene 67 centésimos y 5 milésimos.)

Para calcular el tanto por ciento que representa una fracción común, basta dividir el numerador entre el denominador, y el cociente obtenido, se multiplica por 100.

.

Ejemplos:

$$\frac{3}{4} = 0.75 = 75\%$$

$$\begin{array}{r} .75 \\ \hline 4 \,|\, 3 \\ 20 \\ (0) \end{array}$$

$$0.75 \times 100 = 75$$

$$\frac{9}{8} = 1.125 = 112.5\%$$

$$\begin{array}{r} 1.125 \\ \hline 8 \,|\, 9 \\ 10 \\ 20 \\ 40 \\ (0) \end{array}$$

$$1.125 \times 100 = 112.5$$

$$\frac{1}{4} = 0.25 = 25\%$$

$$\begin{array}{r} .25 \\ \hline 4 \,|\, 10 \\ 20 \\ (0) \end{array}$$

$$0.25 \times 100 = 25$$

¿QUE TANTO POR CIENTO ES UN NÚMERO DE OTRO?

Hallar qué tanto por ciento es un número de otro, equivale a calcular el tanto por ciento que representa una fracción.

Ejemplo: **Calcular qué tanto por ciento de 480 es 24.**
(Se divide el segundo número entre el primero y el resultado se multiplica por 100.)

$$\frac{24}{480} = 0.05 = 5\%$$

$$480 \overline{\smash{\big)}\ 24.00} \quad .05$$
$$(000)$$

¿Qué tanto por ciento de 8 es 4?

$$\frac{4}{8} = 0.50 = 50\%$$

¿Qué tanto por ciento de 32 es 24?

$$\frac{24}{32} = .75 = 75\%$$

$$32 \overline{\smash{\big)}\ 240} \quad .75$$
$$160$$
$$(00)$$

$$R = Es \ el \ 75\%$$

PROPORCIONALIDAD

Dos magnitudes son directamente proporcionales, cuando varían en el mismo sentido: **es decir, si la una aumenta, la otra aumenta también, y si una disminuye, la otra disminuye.**

Dos magnitudes son inversamente proporcionales, cuando varían en sentido contrario: **es decir, si una aumenta, la otra disminuye, y si una disminuye la otra aumenta.**

Ejemplo: **Número de obreros que realiza una obra y tiempo empleado**

R= A **más** obreros, **menos** tiempo para terminar la obra.
Inversamente proporcionales

Ejemplo: **El espacio recorrido por un tren en 3 horas y la velocidad que lleva.**

R= A **más** velocidad, **más** recorrido
Directamente proporcionales.

LA REGLA DE TRES SIMPLE

Los problemas de regla de tres simple **directa** son aquellos en que intervienen dos magnitudes directamente proporcionales.

Los problemas de regla de tres simple **inversa** son aquellos en que intervienen dos magnitudes inversamente proporcionales.

Se pueden resolver mediante la aplicación de las proporciones.

Ejemplo: **Si con $ 100.^{00} compro 5 kilos de azúcar, ¿cuántos Kg. puedo comprar con 240.^{00}**

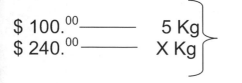

$ 100.^{00} ———— 5 Kg
$ 240.^{00} ———— X Kg

Como el número de Kg. y su costo son directamente proporcionales, se establece la proporción así:

$$\left.\begin{array}{c}\dfrac{100}{240}\end{array}=\dfrac{5}{X}\right| =100:240=5:X \qquad \text{(que se lee 100 es a 240 como}$$
$$\text{5 es a x)}$$

Cuando la regla de tres es directa, se plantea así, porque si con 100 pesos compro 5 Kg. de azúcar ¿cuántos kilos puedo comprar con 240 pesos? A **más** dinero, **más** kilos de azúcar. Por tanto es directa.

Como hay que buscar un extremo de la proporción, se plantea así:

$$\frac{240 \times 5}{100} = 12 \qquad R = 12 \; Kg . \; de \; azúcar$$

Recuérdese que para buscar un extremo se multiplican los medios y el resultado se divide entre el extremo conocido.

La regla de tres simple directa, sigue esta dirección.

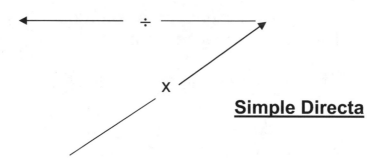

Simple Directa

Otro ejemplo:

Un chofer recorre cierta distancia en 10 horas, conduciendo a 75 kilómetros por hora. Si esa misma distancia la recorre a 25 kilómetros por hora. ¿Cuánto tiempo tardará?

75 km ——— 10 horas
25 km   x

Como a **menos** velocidad corresponde **más** tiempo, es **inversa** y la proporción debe establecerse así:

$$\frac{75}{25} = \frac{X}{10} = \qquad 75:25 = X:10 \quad (\textit{que se lee} : 75 \textit{ es a } 25 \textit{ como } X \textit{ es a } 10)$$

Como hay que buscar un medio, la proporción se plantea así:

$$\frac{75 \times 10}{25} = 30$$

$R = Tardará\ 30\ horas.$

Recuérdese que para buscar un centro se multiplican los extremos y el resultado se divide entre el centro conocido.

La regla de tres simple inversa, sigue esta dirección.

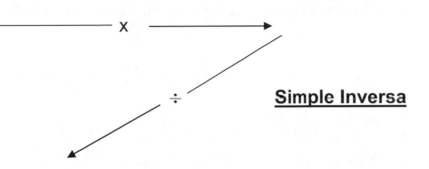

Simple Inversa

INTERES

(Tiempo en días)

En los problemas de interés se emplean los siguientes datos: **INTERÉS, TIPO o TASA, CAPITAL Y TIEMPO.**

Interés.- Es lo que en cierto tiempo debe **pagarse** por el préstamo de un capital.

Tipo o Tasa.- Es el **tanto por ciento** conforme al cual se calcula el interés.

Capital.- Es la cantidad que se **presta**.

Tiempo.- Es el **plazo** durante el cual se presta el capital. Años, meses o días.

Para resolver problemas de interés se aplican cuatro fórmulas en las cuales se emplean estos símbolos:

$$\text{Interés} = I$$
$$\text{Tipo o Tasa} = R$$
$$\text{Capital} = C$$
$$\text{Tiempo} = T$$

Las fórmulas para hallar este tipo de problemas, son las siguientes: **TIEMPO EN DIAS.**

El **interés** se obtiene multiplicando el capital por el tipo y por el tiempo y dividiendo el resultado entre 36,000.

$$FORMULA: \quad I = \frac{C \times r \times T}{36,000}$$

El **tipo o tasa** se obtiene multiplicando 36,000 por el interés y dividiendo el resultado entre el capital por el tiempo.

$$FORMULA: \quad r = \frac{36,000 \times I}{c \times t}$$

El **capital** se obtiene multiplicando 36000 por el interés y dividiéndolo entre el tipo o tasa multiplicado por el tiempo.

$$FORMULA: \quad C = \frac{36,000 \times I}{r \times t}$$

El **tiempo** se obtiene multiplicando 36,000 por el interés y luego se divide entre el capital por el tipo o tasa.

$$FORMULA: \quad t = \frac{36,000 \times I}{c \times r}$$

INTERES		**INTERES**	
(Tiempo en años)		(Tiempo en meses)	

$$I = \frac{c \times r \times t}{100} \qquad r = \frac{100 \times I}{c \times t} \qquad\qquad I = \frac{c \times r \times t}{1,200} \qquad r = \frac{1,200 \times I}{c \times t}$$

$$C = \frac{100 \times I}{r \times t} \qquad T = \frac{100 \times I}{c \times r} \qquad\qquad C = \frac{1,200 \times I}{r \times t} \qquad T = \frac{1,200 \times I}{c \times r}$$

Ejemplos:

1.- ¿Qué interés producirá un capital de $ 6,500.00 en tres años al 38% de interés anual?

$$I = \frac{c \times r \times t}{100} = \frac{6,500.00 \times 38 \times 3}{100}$$

$$
\begin{array}{r}
6\,500.00 \\
\times \quad 38 \\
\hline
520 \\
195 \\
\hline
247\,000.00 \\
\times \quad 3 \\
\hline
741\,000.00
\end{array}
$$

$741\,000.00 \div 100 = 7,410.00$

Re *spuesta*: Pr *oducirá un* int *erés de*
$ 7,410.00

2.- ¿Qué capital será necesario colocar para que en 5 años, al 36% anual, produzca un interés de $540,000.00?

$$C = \frac{100 \times I}{r \times t} = \frac{100 \times 540,000}{36 \times 5} = \frac{540000.00}{180}$$

$$
\begin{array}{r}
300000 \\
180\,|\,54000000 \\
(000000)
\end{array}
$$

Re *spuesta* = *Se necesita un capital de* $ 300,000.00

3.- ¿Qué tiempo se requiere para que un capital de $ 18,000.00 produzca un interés de $20,880.00 al 38% anual?

$$T = \frac{100 \times I}{c \times r} = \frac{100 \times 20,880}{18000 \times 38} = \frac{20,880}{6840} = 3 \, A\tilde{n}os$$

$$
\begin{array}{r}
180 \\
\times \quad 38 \\
\hline
1440 \\
54 \\
\hline
6840
\end{array}
$$

4.- ¿A qué tipo estuvo colocado un capital de $72,000 si produjo en 2 años 4 meses, un interés de $ 63,840.00

$$r = \frac{1,200 \times I}{c \times t} = 2\ a\tilde{n}os\ \ 4\ meses = 28\ meses$$

$$r = \frac{1,200 \times 63\,840}{72\,000 \times 28} = \frac{766'080,000}{2'016,000} = 38\,\%$$

$$
\begin{array}{r}
63\,840 \\
\times\quad 12000 \\
\hline
12768 \\
6384 \\
\hline
766080000
\end{array}
\qquad\qquad
\begin{array}{r}
72\,000 \\
\times\quad 28 \\
\hline
576\,000 \\
144 \\
\hline
2016000
\end{array}
$$

$$
\begin{array}{r}
380 \\
\hline
2016000\,|\,766080000 \\
16128 \\
(\,00000\,)
\end{array}
$$

Re *spuesta* : *Estuvo al* 38%

REPARTO PROPORCIONAL.

Tres muchachos compraron un billete de lotería. Carlos dio $35.00, Javier dio $ 25.00 y David $20.00. El billete fue premiado con $16,000.00, ¿cuánto dinero recibió cada uno?

$$\frac{16,000}{35 + 25 + 20} = \frac{16,000}{80} = 200$$

$$200 \times 35 = 7,000$$
$$200 \times 25 = 5,000$$
$$200 \times 20 = 4,000$$

Respuesta : Carlos recibió $ 7,000.00, Javier recibió $ 5,000.00 y David recibió $ 4,000.00

Esta forma de repartir se llama **REPARTO PROPORCIONAL**.

Consiste en que cada quien recibe una cantidad, de acuerdo con lo que gastó o aportó en el asunto.

De manera que quien aportó más, recibe más y quien aportó menos, recibe menos.

Así Carlos que dió $ 35.^{00} recibió $ 7,000.^{00};
Javier que dió $ 25.^{00} recibió $ 5,000.^{00}
y David que dió $ 20.^{00} recibió $ 4,000.^{00}

Debe tenerse en cuenta que la suma de las partes obtenidas debe ser igual a la cantidad que se reparte.

$$7,000 + 5,000 + 4,000 = 16,000$$

El procedimiento es el siguiente:

1.- Se divide la cantidad a repartir entre la suma de las cantidades que corresponden a cada persona o cosa en cuestión, en este caso 16,000.00 ÷ 80.
2.- El resultado, que en este caso es $200.00 se multiplica por cada cantidad que corresponde y el resultado **es la parte proporcional en el reparto.**

Otros ejemplos:

¿Una herencia de $48,000.00 debe repartirse entre 3 personas de este modo: **Por cada $ 5.00 que reciba Alicia, Gustavo recibirá $ 3.00 y Patricia $4.00,** **¿cuánto recibirá cada uno?**

$$\frac{48{,}000}{5+3+4} = \frac{48{,}000}{12} = 4{,}000$$

4,000 x 5 = 20,000
4,000 x 3 = 12,000
4,000 x 4 = 16,000

Respuesta; Alicia recibió $20,000.00, Gustavo recibió $12,000.00
Y Patricia $ 16,000.00

Reparte el número 400 en partes proporcionales a 7 y 9

$$\frac{400}{7+9} = \frac{400}{16} = 25$$

$$25 \times 7 = 175$$
$$25 \times 9 = \underline{225}$$
$$= 400$$

$Respuesta = La\ parte\ proporcional\ a\ 7\ es\ 175$
$y\ la\ parte\ proporcional\ a\ 9\ es\ 225$